人工智能从开发到实战

计湘婷 文新 刘倩 李轩涯◎编著

覃祖军◎审

机械工业出版社
China Machine Press

图书在版编目（CIP）数据

昆仑子牙练 AI：人工智能从开发到实战 / 计湘婷等编著 . -- 北京：机械工业出版社，2022.3
ISBN 978-7-111-70249-8

Ⅰ. ①昆…　Ⅱ. ①计…　Ⅲ. ①人工智能　Ⅳ. ① TP18

中国版本图书馆 CIP 数据核字（2022）第 034720 号

昆仑子牙练 AI：人工智能从开发到实战

出版发行：机械工业出版社（北京市西城区百万庄大街 22 号　邮政编码：100037）
责任编辑：朱　劼　　责任校对：殷　虹
印　　刷：中国电影出版社印刷厂　　版　　次：2022 年 4 月第 1 版第 1 次印刷
开　　本：186mm × 240mm　1/16　　印　　张：9.5
书　　号：ISBN 978-7-111-70249-8　　定　　价：79.00 元

客服电话：（010）88361066　88379833　68326294　　投稿热线：（010）88379604
华章网站：www.hzbook.com　　读者信箱：hzjsj@hzbook.com

序

投身科研领域多年，我有幸见证了 AI 从实验室理论走向落地应用的许多历程。如今，AI 已深入我们的生产、生活，它无处不在，人们也实实在在感受到了这项技术带来的智能与便利。

与技术一同落地的还有科普教育。近年来，国家大力推行科技素质教育，《全民科学素质行动规划纲要（2021—2035 年）》提出，科技创新、科学普及是实现创新发展的两翼，要把科学普及放在与科技创新同等重要的位置。青少年是未来社会发展的希望，我深知青少年科普教育工作的重要性。在我看来，青少年人工智能教育主要分为三个层面：一是在孩子们的头脑里建立人工智能的概念，激发他们的兴趣和想象力；二是进行人工智能的实践，鼓励青少年探究人的思维模式；三是不断鼓励青少年发现人工智能领域的应用。

然而，对于充满好奇心与想象力的青少年，如何激发他们对科学的求知欲？在年龄、知识、阅历等有限的情况下，他们如何有效学习“深奥高深”的人工智能？在青少年的教育工作中，更应该注重思维和创造力的培养，注重用场景、讲故事的方式来传递信息。具体到教程层面，生搬硬套现有的大学教材或者直接裁剪大学教材是不可取的，这不仅不符合青少年的学习习惯，还可能让他们失去学习的兴趣。在 AI 时代，不仅要向孩子们传授知识，更要激发他们的好奇心与想象力，培养他们的创造力和批判性思维能力，从而实现个体的差异化、精准化教育。

作为国内 AI 的头雁企业，百度近期成立的松果学堂旨在担起青少年 AI 教育的重任。松果学堂面向青少年提供各类 AI 课程、科普教程、趣味竞赛，希望借助百度积淀的 AI 技术资源和 AI 人才培养经验，让更多的青少年接触到 AI，并喜欢上 AI，为未来社会培养更多的 AI 后备人才。

可以预见的是，在未来的10到20年，国内各领域对AI人才的需求将逐渐上涨。而10年、20年后，能够成为各领域核心人才的正是当下的青少年一代。希望这一系列AI书籍能在青少年读者的心中种下AI的“种子”，在不远的将来生根、发芽，与我们共建美好的AI世界。

王海峰

百度首席技术官

2021年11月

前言

要不要让孩子学习人工智能？

让孩子通过什么方式学习人工智能？

当人工智能逐渐成为日常工作、生活的一部分，甚至替代人类完成越来越多的工作时，10年、20年后孩子们凭借什么与人工智能争夺工作岗位？

牛津大学在2013年发布的一份报告预测，未来20年里有将近一半的工作可能被机器所取代。融入才是最好的竞争手段。在这样的浪潮中，让孩子从小开始接触、了解、学习人工智能势在必行。即使将来他们不从事人工智能的相关工作，也能受益于通过学习人工智能培养的逻辑思维能力。

人工智能作为计算机科学的一个分支，自1956年问世以来，无论是理论还是技术，都已经取得飞速的进展。从智能机器人到无人驾驶汽车，从无人超市到智能分诊，人工智能已经深入当代社会的方方面面，成为未来国家竞争与科技进步的核心力量。

世界各国都在加大对人工智能的投入，抢占这一重要的科技战略高地。我国也高度重视人工智能，多次在政府工作报告中提出发展人工智能。由此可见，对于人工智能的学习不仅是个人成长和职业生涯规划的需要，也符合创新型国家的战略发展需求。

许多家长看到了人工智能技术的前景，希望快人一步，尽早培养孩子的IT素养。但是，让青少年学习AI并非易事。一方面，过多、过早地学习纯理论知识，容易让青少年失去兴趣，甚至抵触学习；另一方面，纯理论学习缺少结合日常生活的实践，无法培养他们的动手能力。

青少年的学习过程往往是兴趣和好奇心导向的，而呈现在读者面前的，就是这样一本能激发兴趣、满足好奇心的 AI 教材。

本书从编程的角度出发，将青少年耳熟能详的姜子牙等经典人物角色和故事情节，与最常见、最易懂的人工智能应用案例相结合，用一个个妙趣横生的小故事来解读人工智能。故事中的人物形象丰满，故事情节生动、代入感强，青少年读者在轻松的阅读氛围中，能够随着故事主人公的种种冒险经历，与其一同“打怪升级”，在潜移默化中形成对人工智能的基本认知，在解决一个个“难题”的实际操作中建立信心，收获成就感。

在实践方面，本书基于百度 EasyDL 这一定制的模型训练和服务平台，孩子可以根据提示进行操作，即使完全不懂编程也可以快速上手，这对于青少年从零开始了解人工智能、快速入门有极大的帮助。我们认为，在青少年学习人工智能的起步阶段，无须让大量的理论和公式先行，而是要激发学习兴趣，引导他们建立一种用人工智能解决问题的思维习惯和意识，为以后的深入学习打下基础。

基于这个理念，本书在编写的过程中时刻将“解决生活中遇到的问题”作为出发点和落脚点，将看似复杂、抽象的人工智能技术放置在实际场景中，由浅入深地讲解人工智能的基础概念、应用场景和操作方式。本书内容涉及目前人工智能非常热门且被广泛应用的音视频处理、计算机视觉、自然语言处理等领域，以引导青少年读者将理论知识付诸实践，学以致用。

本书初稿编写完成后，我们反复征求了广大青少年及其家长的意见，力求将作者多年的教学、实践经验与青少年的学习需求、阅读能力相结合，并且故事情节、知识深度符合读者的认知能力和阅读水平。

本书自编写以来，得到了众多老师、学者的无私帮助和耐心指导。感谢他们对本书理论部分提出的宝贵意见，让本书内容更加精彩；感谢他们对本书实践内容的测试反馈，让实践内容千锤百炼。感谢曹焯然、乔文慧、许超、毕然、娄双双等同事在本书撰写过程中发挥的巨大作用。

作　者

2021 年 10 月

目　录

第5章

落魂法阵失心魂，机器视觉扭乾坤

第6章

语言处理民心悉，金台拜将东征启

第7章

万仙大阵困诸仙，语音识别挽狂澜

第8章

灭商封神铸丰绩，生成网络谱新章

潜修AI数十载，奉命下山掌封神

自盘古开天、女娲造人后，万物初萌，生机勃勃，灵气冲盈。茫茫雾海中，昆仑山直入云霄，仙气缥缈，也不知谁在此山上修砌了一条山道，直入峰顶，拨开云雾望去，山道煞是清晰。

这些天，姜子牙沿着山道艰难地攀行。昆仑山顶太高，姜子牙花了好些时日终于到达昆仑山顶。因感自修千年无长进，此行就是为了进山拜师。只见山顶云雾缭绕，仙气环边，他深吸一口气，顿觉无数天灵地气涌入体内，好不畅快。姜子牙抬眼望去，只见一座宫殿立于山间，磅礴大气，紫气碧光，却与这山间秀木碧峰浑然天成，有若一体，真是天地造化。姜子牙整了整长袍，朝这宫殿走去，走了数步，便见一金色牌匾立于宫门前，牌匾周围仙气环绕、金光四射，隐约可以看见三个大字——玉虚宫（见图 1-1）。

元始天尊乃阐教的掌教之师，所掌阐教在三教中最为重视弟子根行，享有“奉天承运御道统，总领万仙镇八方”之美誉。玉虚宫中散仙众多，其中根行深厚者不计其数，门下亲传弟子更是经过严格挑选，所谓贵精而不贵多，宁缺毋滥。姜子牙此行就是要拜元始天尊为师（见图 1-2）。

图 1-1　玉虚宫

姜子牙在昆仑山上待了四十年，最终学得一身神技。在姜子牙七十岁时，元始天尊令他下山救国治国，册封诸神（见图 1-3）。

下山的时候，姜子牙已经是一位白发苍苍的七十岁老人了。他离开昆仑山后，便去投奔在朝歌的兄弟宋异人。

图 1-2　姜子牙拜元始天尊为师

图 1-3　元始天尊命令白发苍苍的姜子牙下山封神

人工智能的概念与展示

这位宋异人是姜子牙上山修道之前结拜的兄弟，二人情同手足，不分彼此。而且，二人虽时隔四十年未见，再度重逢依旧情谊深厚。

异人问："贤弟上昆仑多少年了？"子牙曰："不觉已四十载。"异人叹道："好快！贤弟在山上可曾学些什么？"子牙曰："怎么不学，不然所作何事？"异人又问道："所求什么道术？"子牙曰："AI炼丹术。"宋异人诧异："何为AI炼丹术？"

姜子牙说："AI是Artificial Intelligence的缩写，即人工智能，是一门涉及哲学、数学、计算机、心理学等许多门派的道术。"

看着宋异人一脸诧异，姜子牙继续说道："我把两个词分开来解释吧。'人工'这个词很容易理解，就是由人类研究和制造出来的；至于'智能'这个词，虽然我们经常把它挂在嘴边，但真正理解其含义的人并不多。人类之所以能够在地球上长期生存下去，并不是因为人类拥有力量和速度，而是因为人类有一个发达的大脑。与地球上的其他生物相比，我们在智能上有着巨大的优势。人类的大脑在记忆方面有很强大的能力，不仅记得多，而且记得牢。人类正是通过记忆，在大脑中存储了海量的信息和数据。我们可以通过思考的方式对过去的信息进行整理、归纳和总结，并通过这些成果指导未来的工作（见图1-4）。而人工智能技术就是一门研究并开发用于模拟、延伸和扩展人类智能的理论、方法、技术及应用系统的新技术。"

宋异人曰："你这么说，我还是不懂。"

姜子牙道："人工智能不是人的智能，但能模拟人思考，未来甚至可能超过人类智慧。比如，我们总能在电影中看到的一些科幻画面、宇宙中自动飞行的飞船（见图1-5）、随处可见的机器人等都是人工智能的成果。此外，在日常生活中，人脸识别、自动翻译、自动驾驶等技术的背后都少不了人工智能的支撑。口说无凭，眼见为实，我来演示一番，让你开开眼界。"

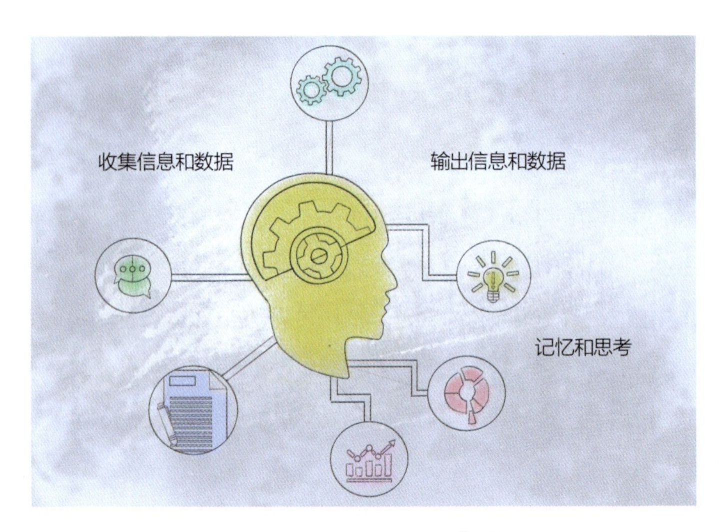

图 1-4　人类大脑的工作流程

图 1-5　科幻场景

说完，姜子牙便打开电脑，在浏览器地址栏中输入 http://ai.baidu.com，进入百度 AI 开放平台，在“开放能力”下选择“图像技术”，点击“植物识别”，显示如图 1-6 所示的页面。

图 1-6　百度 AI 开放平台的植物识别功能

姜子牙拖动鼠标，选择“功能演示”，点击“本地上传”按钮，上传了一张向日葵的图片。刹那间，页面上显示图片的识别结果为向日葵，如图 1-7 所示。

图 1-7　“植物识别”功能演示

宋异人吃惊地问道："它怎么判断出这张图片中是向日葵，而不是勋章菊呢？"

姜子牙笑道："这就是人工智能技术的高超之处呀！"

宋异人又问："那我家后花园里许多叫不上名字的植物都可以用人工智能技术识别出来吗？"

姜子牙回答："当然！"

正当宋异人吃惊之时，姜子牙说道："AI 技术除了在图像识别方面有很好的应用之外，在文本方面也有很广泛的应用呢！"说罢，他又打开百度 AI 开放平台，在"开放能力"下选择"文字识别"，点击"手写文字识别"，显示如图 1-8 所示的页面。

图 1-8　百度 AI 开放平台的手写文字识别功能

姜子牙点击"功能演示"，点击"本地上传"按钮，上传了一张手写文字的图片。转眼间，便可以显示识别出的手写文字，如图 1-9 所示。

宋异人看罢，先是吃惊，之后啧啧称赞道："人工智能技术太神奇了！不过这种技术是从哪儿来的呢？"

姜子牙："关于人工智能的历史，且听我慢慢道来。"

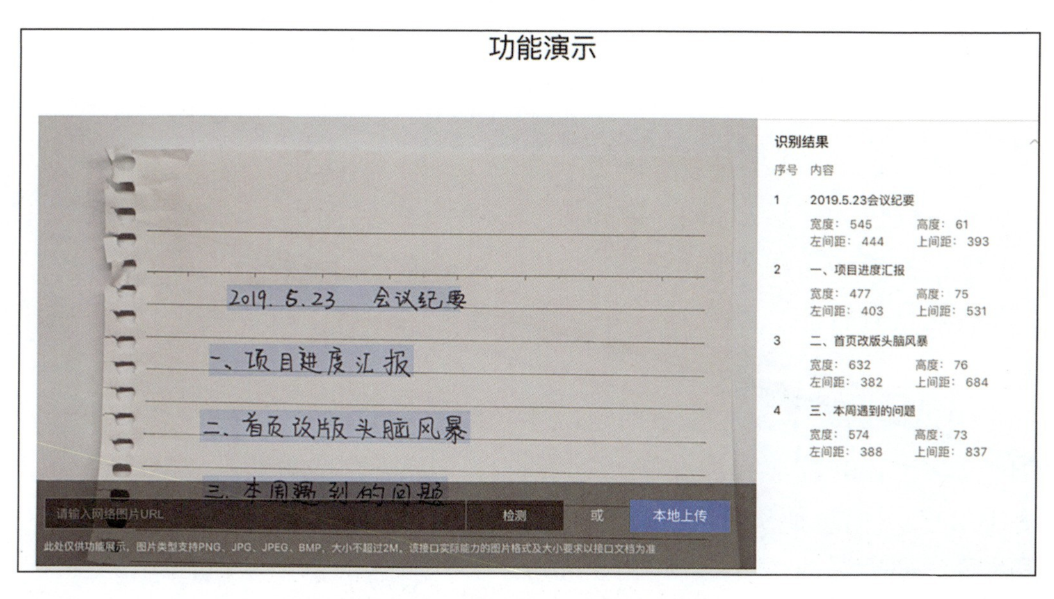

图 1-9　手写文字识别功能演示

人工智能的发展历程与现状

人工智能的发展历程参见图 1-10。

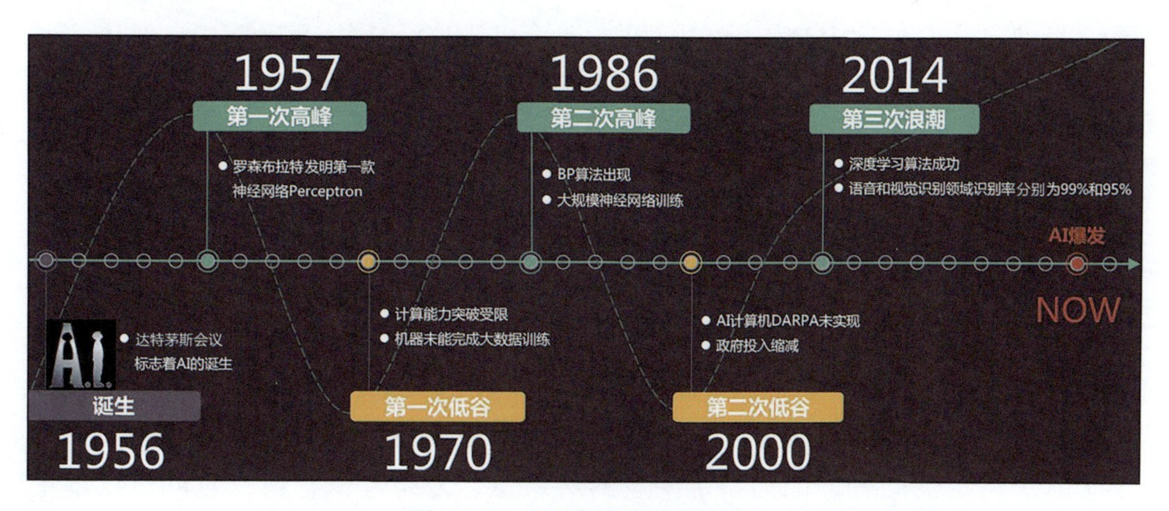

图 1-10　人工智能的发展历程

1. 横空出世

1946年，全球第一台通用计算机ENIAC诞生。它最初是为美军作战研制的，每秒能完成5000次加法、400次乘法运算。ENIAC为人工智能的研究提供了基础。仅仅4年后，即在1950年，艾伦·图灵提出了“图灵测试”，图灵的设想是：如果一台机器能够与人类开展对话而不会被辨别出机器身份，那么这台机器就具有智能。就在这一年，图灵还大胆预言了机器真正具备智能的可行性。

在1956年的夏季，达特茅斯学院年轻的数学助教麦卡锡（J. McCarthy）联合哈佛大学年轻的数学和神经学家、麻省理工学院教授明斯基（M. L. Minsky），以及IBM公司信息研究中心负责人罗切斯特（N. Rochester）和贝尔实验室信息部的数学研究员香农（C. E. Shannon）在美国达特茅斯学院召开了一次为时两个月的学术研讨会，讨论关于机器智能的问题。在这次会议上，“人工智能”这一术语被正式提出，麦卡锡因此被称为“人工智能之父”。这是一次具有历史意义的重要研讨会，它标志着人工智能作为一门新兴学科正式诞生了，人工智能从此走上了快速发展的道路。

2. 人工智能的第一次高峰

在1956年的达特茅斯会议之后，人工智能迎来了属于它的第一次快速发展时期。在这段长达十余年的时间里，计算机被广泛应用于数学和自然语言领域，用来解决代数、几何和英语问题。这让很多研究学者看到了机器向人工智能发展的希望。在当时，甚至有很多学者认为：20年内，机器将能完成人能做到的一切。

3. 人工智能的第一次低谷

20世纪70年代，人工智能进入一段痛苦而艰难的岁月。当时，人工智能面临的技术瓶颈主要有三个方面：第一，计算机性能不足，这导致很多程序无法在人工智能领域得到应用；第二，问题的复杂性，早期人工智能程序主要用于解决特定的问题，因为特定问题的对象少、复杂性低，可一旦问题维度上升，程序立刻就会不堪重负；第三，数据量严重缺失，在当时不可能找到足够大的数据库来支撑程序进行深度学习，这很容易导致机器无法读取足够的数据量以便进行智能化。

4. 人工智能的第二次高峰

1980 年，卡内基·梅隆大学为数字设备公司设计了一套名为 XCON 的“专家系统”。这是一种采用人工智能程序的系统，可以简单地把它理解为“知识库 + 推理机”的组合。XCON 是一套拥有完整专业知识和经验的计算机智能系统，这套系统在 1986 年之前每年能为公司节省超过 4000 美元的经费。有了这种商业模式后，衍生出了 Symbolics、Lisp Machines 和 IntelliCorp、Aion 等软硬件公司。在这个时期，仅专家系统产业的价值就高达 5 亿美元。

5. 人工智能的第二次低谷

不幸的是，命运的车轮再一次碾过人工智能，让其回到原点。仅仅 7 年之后，这个曾经轰动一时的人工智能系统就宣告结束。1987 年，苹果公司和 IBM 公司生产的台式机的性能超过了 Symbolics 等厂商生产的通用计算机，专家系统从此风光不再。

6. 人工智能的第三次浪潮

2006 年，杰弗里·辛顿和他的学生鲁斯兰·萨拉赫丁诺夫正式提出了深度学习的概念。他们在世界顶级学术期刊《科学》上发表的一篇文章，详细地给出了“梯度消失”问题的解决方案——通过无监督学习方法逐层训练算法，再使用有监督的反向传播算法进行调优。深度学习方法的提出在学术圈引起了强烈的反响，以斯坦福大学、多伦多大学为代表的众多世界知名高校纷纷投入巨大的人力、财力对深度学习领域进行研究。深度学习的热潮又迅速蔓延到工业界。

2016 年，随着谷歌公司基于深度学习开发的 AlphaGo 以 4∶1 的比分战胜国际顶尖围棋选手李世石，深度学习的热度一时无两。后来，AlphaGo 接连和众多世界级围棋高手过招，均获得胜利。这也证明在围棋界，基于深度学习技术的机器人已经超越了人类。

宋异人不由地感叹道："原来人工智能技术的发展也经历了这么跌宕起伏的过程呀！"

人工智能的应用与体验

宋异人与姜子牙在后花园散步，宋异人对姜子牙说："这人工智能技术听起来确实神奇，可是我有个疑问，人工智能技术如何帮助我们改善生活呢？"

人工智能可以应用在医疗方面（见图 1-11）。斯坦福大学用人工智能来诊断皮肤癌，准确率高达 91%，诊断性能甚至优于专业的皮肤科医生；广州妇女儿童医疗中心利用深度学习建立自然语言处理系统，利用 AI 评估并准确诊断儿科疾病，性能超过一般的年轻医生；AI 还能够预测病人患心脏病的风险，微软研发了一种利用 AI 预测患心脏病风险的工具，通过饮食习惯、日常活动等 21 个因素综合分析，对患者患心脏病的风险进行定级并给出预防建议。人工智能能够引领医疗诊断领域的新浪潮，能够极大地缓解医生短缺、诊断耗时耗力且一致性低等问题。

图 1-11　人工智能应用于医疗

人工智能技术在制造业中的应用也非常广泛。制造业与AI技术深度融合，给制造模式、制造方法及生态系统等带来了一场巨大的变革。在焊接等施工中会涉及实施工艺存在偏差的问题，通过AI视觉可动态调整实施工艺，在出现偏差时也能很好地完成焊接工作；通过增加传感器，采集各种设备数据和传感器数据，并结合设备机理进行大数据分析，就可以判断设备是否需要维修。

人工智能也可以应用于艺术方面。通过AI绘画，任何人都能在几秒之内创作出精美的画作，人人都可以成为绘画大师。2018年10月，佳士得拍卖行在纽约以43.25万美元（约300万元人民币）的价格售出了一幅由人工智能绘制的画作；2019年7月，微软人工智能“少女画家小冰”独立完成的原创绘画作品在中央美术学院美术馆展出；2020年，人工智能小冰升级至第八代，并推出个人绘画作品集。

人工智能还可应用于生活方面。在AI的世界里，“真人客服”已被AI客服机器人（见图1-12）取代。AI客服机器人依靠丰富的客服知识库内容，能够提供24小时的客服服务，解答常见的服务问题。百度云智能客服基于自然语言处理、语音技术和百度大数据，能够精准识别客户意图，打造真实的互动语音体验，助力企业智能高效发展。基于多行业细分领域的深耕经验，百度云智能客服更懂客户、懂场景、懂业务。

图1-12　人工智能客服

听完姜子牙的话，宋异人对人工智能充满了好奇和向往，接着问道：“那人工智能是怎么工作的呢？”姜子牙笑了笑说：“我刚到玉虚宫学习的时候也问过这个问题，且听我慢慢讲来。”

前面我们说过，人类之所以能够进行推理、学习、思考、规划等复杂的思维活动，主要依赖于我们的大脑。人工智能就是研究怎样使计算机模仿人类的大脑，去解决人类专家才能处理的复杂问题。其主要目的是将一部分人的思考过程、智能活动通过计算机或机器实现。

宋异人哈哈大笑道：“这还不简单嘛！以前我的后花园里有各种各样的植物，见多了，我就能根据植物的颜色、形状、花朵长度、花朵宽度判断出植物的种类了。我只知道山鸢尾的色彩一般比较暗淡，变色鸢尾的颜色比较鲜艳。”

姜子牙听罢，满意地说道：“非常好！人类分辨鸢尾花的方法主要是根据花朵颜色亮度、花朵长度、花朵宽度三个特征综合判断。那你想一想，如果给这三个特征分别赋值，用 1 ～ 10 之间的数值分别表示花朵颜色亮度、花朵长度、花朵宽度，那么计算机学习了 100 个鸢尾花的特征数值后，它就能分辨变色鸢尾和山鸢尾了。这种方法就叫作机器学习。”

“选取特征需要大量的经验，像我这种只知道变色鸢尾和山鸢尾之间颜色亮度区别的人，岂不是无法学会这个技能了？”宋异人沮丧地问道。

姜子牙忙安慰道：“不不不，这时就可以使用深度学习了，你只需要向机器提供一些山鸢尾和变色鸢尾的照片，它就可以自动学习花朵颜色亮度、花朵长度、花朵宽度等特征，从而自动分辨出山鸢尾和变色鸢尾。”

姜子牙接着讲道：“我们首先思考一下，人是怎么知道一张图片里面是山鸢尾还是变色鸢尾的呢？肯定是人的眼睛首先看到了一张图片，这个信息会被迅速地传送给大脑皮层里的视觉神经元，视觉神经元接收到信号后，人脑先从宏观边缘特征确定图片里是一朵花，再从微观的形状或颜色等特征确定是山鸢尾还是变色鸢尾，然后与视觉神经元联动，分层次地获取特征，以达到辨别山鸢尾和变色鸢尾的目的。”

深度学习就是借鉴了人类大脑识别物体这一过程，并对这个过程进行建模，如图 1-13 所示。深度学习模型在底层接收到图片的像素级特征，学习到图片中的边缘特征，再深一层学习到物体的边缘特征，再到更高层学习到物体的局部特征，最后识别出整个物体。其核心思想就是堆叠多个层，每一层的输出就是下一层的输入，通过这种方式，就可以实现对输入信息进行分层、分级的表达。

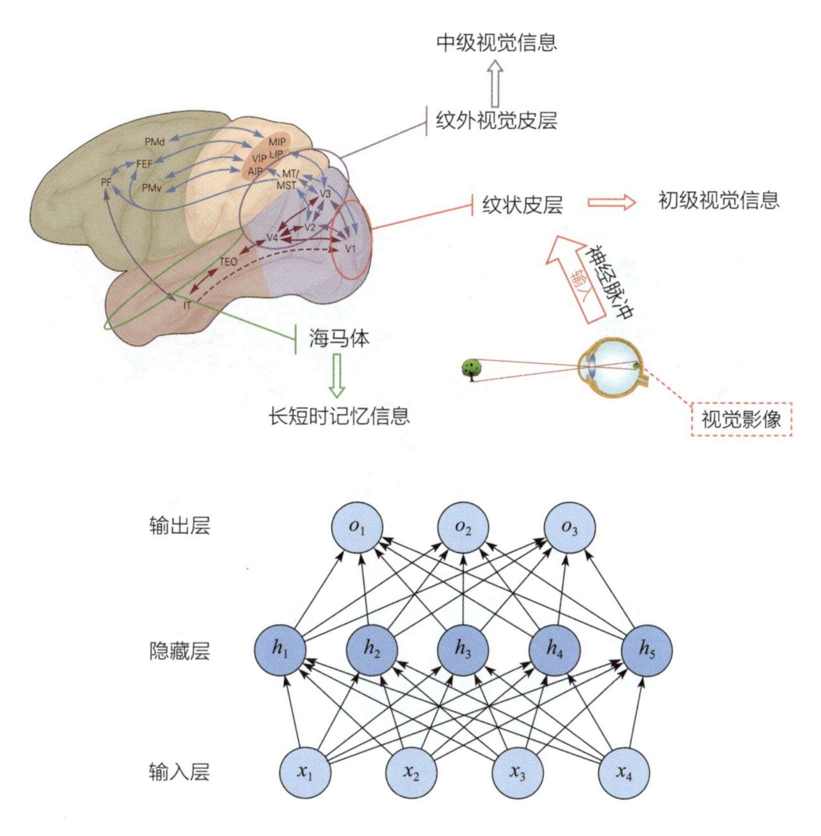

图 1-13　人脑与人工神经网络

知识点

像素： 是指组成图像的一个个小方格，这些小方格都有一个明确的位置和被分配的色彩数值，小方格的颜色和位置决定该图像呈现出来的样子。

边缘特征： 指的是描述图像中物体轮廓的特征，往往出现在不同区域之前有明显变化的地方。

宋异人恍然大悟，连连点头道：“原来如此，那人工智能、机器学习、深度学习之间是什么关系呢？”

“关于它们之间的关系嘛，机器学习和深度学习都隶属于人工智能学科体系，人工智能是一个宏大的愿景，机器学习是实现人工智能的手段之一，深度学习是一种实现机器学习的技术。”（见图 1-14）

图 1-14　人工智能、机器学习、深度学习的关系

宋异人听罢热血沸腾，说道：“太棒了！我想马上试试人工智能，有什么工具或平台支持吗？”

“当然有，可以用百度的 PaddlePaddle 平台啊！ PaddlePaddle 的中文名为‘飞桨’，出自朱熹的两句诗‘闻说双飞桨，翩然下广津’，可解释为‘疾速划动的桨，亦指飞快的船’，寓意 PaddlePaddle 将与广大开发者一同飞速成长。飞桨助力开发者快速实现 AI 想法，高效上线 AI 业务，可以帮助很多行业完成 AI 赋能，实现产业智能化升级。”姜子牙答道。

在深度学习的初始阶段，每个深度学习研究者都需要写大量重复代码，为了提高工作效率，这些研究者就将这些代码写成一个框架放到网上，以便所有研究者一起使用。飞桨是一个非常好用的深度学习框架，它以百度多年的深度学习技术研究和业务应用为基础，是我国首个自主研发、功能丰富、开源 / 开放的产业级深度学习平台，集深度学习核心训练和推理框架、基础模型库、端到端开发套件及丰富的工具组件于一体，让深度学习技术的创新与应用变得更加简单。

家庭作业

通过本章的学习，大家是不是对人工智能有了更直接的印象呢？请谈谈你对未来人工智能的想象，并谈谈人工智能技术会带来哪些挑战。

弃商赴周择明君，Python 绝技渡难民

姜子牙在宋异人家住了数日，仍没有机会面见纣王，满腹治国之雄才伟略却无处施展。无奈之下，他只能在朝歌城开了一家算命馆，先维持生计，以静候时机。某天，妲己的妹妹琵琶精前来朝歌游玩，误入算命馆后被子牙识破，姜子牙火烧令其现出原形。纣王看他有些本事，遂封他为下大夫。然而，纣王暴虐无道，子牙多次良言劝谏却惹来杀身之祸。再三思忖之后，子牙决心前往西岐另择明君。

在前往西岐的第一关——临潼关外，子牙遇见一群难民在苦苦哀求守将放他们出城："将军，行行好吧，将我等老弱病残放出关外吧，求求您了……"但这位守城将军坚决不肯，口口声声说要大王的旨意。子牙一阵唏嘘，于心不忍，准备采用土遁术助难民逃出城外。

但土遁术需要严格按照太极八卦布阵，阴阳两极阵眼的位置分别需要挑一名个子高、年纪轻的女子和男子坐镇，其他位置则需要这些难民按身高、年龄排布，圆形最外围需要个子高、年纪轻的，然后个子次高、年纪次轻的站在第二圈，这样一圈一圈依次排布才行。姜子牙将难民们的姓名、身高和年龄录入一个 Excel 文件中，然后使用 Python 写了一段小程序，轻松地排布出阵形，只见他叽里咕噜念了一通咒语，就成功送难民们抵达了西岐（见图 2-1）。

图 2-1　姜子牙义救难民

难民们纷纷向子牙道谢：“感谢恩公施以援手，救我等于水火之中，只是不知恩公刚才所用为何种法术，竟如此有效！”

子牙道：“我刚才所用乃是最基本的 Python 术，是我在昆仑山练就的人工智能术中比较基础的一种。”

这时，一个难民大声说：“恩公能否给我们讲讲这 Python 术，让我等也开开眼界？”

子牙说：“既然大家想听，那我就来说一说。首先来说一下 Python。当我有一个关于人工智能的想法时，通常会使用 Python 这种编程语言来实现我脑子里的想法，帮助人工智能快速落地；我还有另外一个法宝 AI Studio，AI Studio 为人工智能编程提供了编程环境、强大的算法和算力！”

Python 基础知识

我们在做人工智能研究的时候，最常用的计算机编程语言便是 Python，它使用起来简单、方便，还提供了强大的数据处理功能，对于初学者也十分友好。下面我们就对 Python 的基础内容进行介绍。

更多的 Python 教程请参考：https://docs.python.org/zh-cn/3/tutorial/index.html。

Python 的基本数据类型

如果想让计算机程序帮助我们实现一系列操作，必不可少的东西就是数据，那么 Python 中有哪些数据呢？在我们日常处理的数据中，有整数、小数、文字，还有这些数据的组合，这些都是 Python 的基本数据类型，其中：

1）整数与小数（即浮点数）统称为数字，比如：5、10.001、1e–5、123 484 657 456 476 等。

2）文字类型的数据称为字符串，比如 ''' 哪吒比较贪玩 '''、""" 哪吒来自钱塘江 """、'good morning'、"hello world" 等。在 Python 中，每个字符串都需要用引号包裹起来，如上述示例所示，可以用单引号、双引号，也可以用三个单引号、三个双引号，但是一定要注意配对使用。

3）组合类型的数据一般包括列表、元组、字典。

- 列表是指将一系列数据放在一个中括号里，构成一个包含多个元素的数据类型，比如 [1, 2, 3, 4, 5, 6] 是一个长度为 6 的数字类型的列表、['hello world', 'good', 'enjoy'] 是一个长度为 3 的字符串类型的列表、['hello world', 1, 2, 3, 4, 5] 是一个长度为 6 的混合类型的列表。由此可以发现，一个列表中的数据类型是不固定的，也可以是不相同的。这里需要注意的是，每一个列表中的第一个元素对应的下标都是从 0 开始！
- 元组是将一系列数据放在一个小括号里，括号里面的数据类型也可以不同，比如 ('hello world', 1, 2.23, 70.2)、(123, '123') 等，元组中第一个元素的起始下标也是 0，大家现在可以尝试使用“第 0 个元素”来养成这个习惯。大家可以观察到，列表和元组这两种组合类型的数据都是有序的，也就是说，可以通过访问第一个元素、第 k 个元素获取列表或元组中相应下标位置的元素。

- 字典是一个无序的组合数据类型，也就是说，我们无法通过一个下标获取对应位置的元素。但是，字典是一种十分灵活的数据类型，它通过"键"来访问每一个元素。我们一般将字典用一个花括号包裹起来，里面的每个元素都分为两部分：键和值。比如，在 dict = {' 姜子牙 ':65, ' 宋异人 ':65, ' 元始天尊 ':1000} 这个字典里，冒号前面的部分称为"键"，冒号后面的数字代表"键"的"值"。当然，键可以是数字类型，也可以是字符串，而值可以是任意类型的数据。显然，"键"是唯一确定的，即一个字典里面不能有重复的键，但是可以出现重复的值。当我们想要获得宋异人的年龄时，可以使用命令 dict[' 宋异人 ']，该操作会返回宋异人的年龄：65。

Python 的基础运算

使用计算机编程语言时，就是输入一系列数据，让计算机帮我们完成相关的计算任务，那么 Python 包含哪些运算呢？我们现在介绍的运算可能与传统数学中的运算有所不同，大家一定要注意区分哦！

（1）赋值运算

所谓赋值运算，就是将一个值赋予某个变量，比如 x=7 的意思是给变量 x 赋值 7。这与数学中的"="不同，计算机编程语言中的"="代表将等号右边的值赋给等号左边的变量。因此，你可能会发现，在计算机程序中，我们经常使用与 x=x+7 类似的表达方式，它代表将 x+7 的值重新赋值给 x，而不是像数学中那样解方程得到 x=0。在 Python 中，我们直接使用赋值运算来定义某个变量，而无须说明其数据类型，Python 解释器会根据赋值的情况自动判断其所属的数据类型。

（2）算术运算

算术运算就是我们平常用到的 +、–、*、/、%、** 和 //，它们分别代表加法、减法、乘法、除法、除法取余数、幂运算以及除法取整数。比如，7/2=3.5，结果为浮点类型；7%2=1，余数可为整数或浮点数（3.4%2=1.4）；7//2=3，取整结果一定为整数；2**3=8，即幂运算。

（3）比较运算

顾名思义，比较运算是指比较两个数的大小或者比较两个字符串在字典中的前后顺序，主要包括 ==、!=、>、<、>=、<=，分别代表相等、不等、大于、小于、大于等于、小于等于。其中，== 判断两个数据是否相等，如：a=1、b=2，语句 a==b 会返回 False，代表两者不相等；语句 a!=b 则会返回 True，表示两者不相等成立。

知识点

Bool 型：在 Python 中还有一种特殊的数据类型——Bool（布尔）型。它只有两个取值 True 和 False，分别表示真和假（对和错）。

（4）高级运算

更高级的运算包括逻辑运算、位运算、成员运算、身份运算等，我们此处不做详细介绍，有兴趣的读者可以自行查阅相关文档。

现在，我们已经了解了 Python 中基本的数据类型与运算，作为所有编程语言中最重要、最基础的部分，这些是需要我们牢牢掌握的，后面所有的操作都是在这些数据及运算上进行的。对这部分内容，小伙伴们一定要用心学习哦！

Python 的基础语法

前面介绍了 Python 中的基本数据类型与运算，接下来我们就要真枪实弹地学习如何将上面的数据结构组合起来，构成一段可以执行的代码了。就像英语一样，Python 作为一种编程语言，也有它的语法结构，这种语法告诉我们应该如何规范地书写代码，代码才能被计算机正确无误地执行以得到相应的结果。

Python 是一种脚本语言，你无须编写一个代码文件，而是直接在 Python 解释器中输入相应的操作，就可以顺利执行。如图 2-2 所示，我们直接在安装了 Python 的 Windows 下执行下述 Python 命令，便可得到相应的结果。图 2-2 中的 Python 命令的作用是，指定变量 a 为一个字符串，被赋值为 'hello world'，print(a) 打印 a 的取值。

```
(venv) F:\A-远程共享\FGET>python
Python 3.7.4 (tags/v3.7.4:e09359112e, Jul  8 2019, 20:34:20) [MSC v.1916 64 bit (AMD64)] on win32
Type "help", "copyright", "credits" or "license" for more information.
>>> a = 'hello world!'
>>> a
'hello world!'
>>> print(a)
hello world!
```

图 2-2　在 Windows 终端直接执行 Python 命令

知识点

Print 是 Python 中用于输出的命令，通过 Print 可以将需要的数据显示出来。

虽然上面的脚本很方便，但是当我们需要大量的代码时，使用命令行直接操作是非常烦琐的，因此可以将很多行代码写入一个或多个文件中，按顺序执行代码。我们将每一个脚本文件命名为 file_name.py，即后缀名为 .py，编写完代码后，执行 python file_name.py 命令，文件中的代码便会依次被执行。下面我们看一些基本的语法，包括行与缩进、输入与输出、注释、条件语句、循环语句、函数等。

（1）行与缩进

Python 中，一行代码通常代表一个操作或者一个执行命令，在同一个模块中的代码，行首要对齐，每个模块内部要有四个空格的缩进。如图 2-3 所示，第 2 ～ 4 行中每行都是一个单独的模块，因此行首对齐；而第 7 ～ 10 行代码中，由于第 8 ～ 10 行为模块的内部，因此相对于第 7 行有四个字符的缩进。Python 利用对齐

```
1   # 定义三个变量
2   a = [1, 2, 3, 4, 5]
3   b = 'hello world'
4   c = (6, 8, 9)
5
6
7   def get_string_input():
8       """定义一个获得字符串输入的函数"""
9       s = input()
10      return s
11
12
13  '''定义一个获得整数输入的函数'''
14  def get_int_input():
15      n = int(input())
16      return n
```

图 2-3　行与缩进代码演示

与缩进来标识不同的模块，这是我们在编程过程中尤其需要注意的。

（2）输入与输出

Python 使用 input() 函数从控制台读取一个输入，使用 print() 函数进行输出。如图 2-4 所示，input() 函数内部的文字用于进行输入提示，Python 3 默认输入的数据类型为字符串，第 1 行表示将输入的字符串赋值给变量 s，print(s) 表示将 s 的值进行输出。可以同时输出多个变量值，比如调用 print(s, s, s, s) 可以将 s 输出四次。

```
>>> s = input('请输入：')
请输入：hello world
>>> print(s)
hello world
>>> print(s,s,s,s)
hello world hello world hello world hello world
```

图 2-4　输入与输出代码演示

（3）注释

所谓注释，就是一些说明性的文字。注释不是程序所执行的命令，而是作为一些功能的备注。比如，图 2-3 中的第 8 行与第 13 行就是注释，这两行注释说明了两个函数的功能。Python 中有几种注释形式，“#”一次只能注释一行，若想添加多行注释，可在每行开头都用“#”进行标识，也可以像图 2-3 中第 8 行和第 13 行那样用三个单引号或双引号进行注释。注释的位置比较灵活，但是为了使代码整体风格整洁、可读性强，一般是在有需要的位置注释，并且要遵循缩进等规范。

（4）条件语句

条件语句用于判断某个条件是否为真，为真或者为假时会采取不同的处理方法。条件语句的语法格式为“if 判断条件：执行操作 1 ，else ：执行操作 2”。如图 2-5 所示，a[0]=1，当执行 if a[0]==10 时，表示判断列表 a 中的第 0 个元素是否等于 10，如果相等的话输出“The expression is true!”（该表达式为真！），否则输出“The expression is false!”（该表达式为假！）。还有比较复杂的情况，比如条件表达式 len(a)>0 and a[0]==10，这个表达式首先会判断列表 a 的长度是否大于 0，如果大于 0，再判断后面的条件是否成立。若长度等于 0，意味着第一个条件不成立，那么第二个条件也不需要判断了，因为只有在两个条件同时成立时整个条件语句才能为真，只要有一个

```
1  a = [1, 2, 3, 4, 5]
2
3  if a[0] == 10:
4      print('The expression is true!')
5  else:
6      print('The expression is false!')
```

图 2-5　条件语句代码演示

条件不为真，那么整个表达式就为假。再比如表达式 len(a)>0 or a[0]==10，or 表示这两个条件只要有一个为真，那么整个表达式就为真，只有两个条件全为假时，整个表达式才为假。

（5）循环语句

循环语句是指我们多次重复执行一段代码，常用的循环语句为 for 语句。如图 2-6 所示，我们想一次输出列表中的所有元素，有两种方法：第一种方法如第 3 ～ 4 行代码所示，表示对列表 a 中的每个 number，依次输出其值；第二种方法如第 6 ～ 7 行代码所示，我们首先使用 len(a) 获得列表 a 的长度，然后使用 range(len(a)) 生成一个整数索引区间 [0, 1, 2, …, len(a)−1]，里面的数分别代表 a 中每个元素的下标，我们从前往后遍历这些下标，用 a[i] 输出第 i 个位置的元素值。

当我们使用循环时，有时候根据判断条件需要跳过当前循环步或者直接终止循环，这时应该怎么做呢？很简单，如果满足某个条件，则使用 continue 关键字可跳出当前步，继续下一步；使用 break 关键字可直接终止循环操作，继续执行循环语句后面的代码。如图 2-7 所示，循环最终只会输出 1、2、4 三个数字。

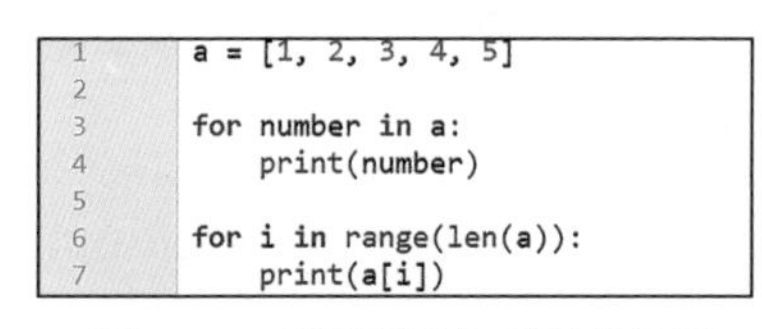

图 2-6　循环语句代码演示

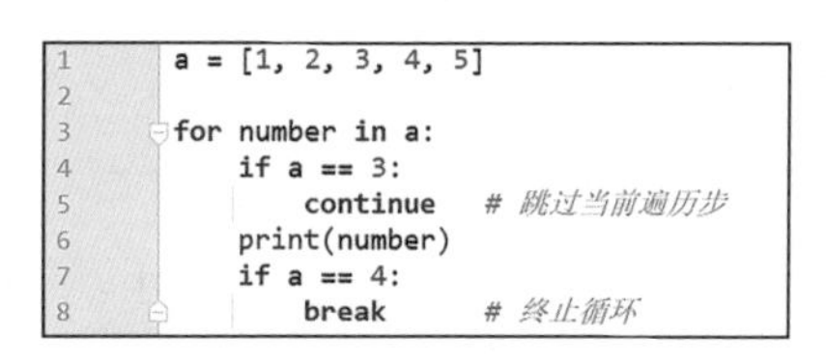

图 2-7　continue/break 代码演示

（6）函数

计算机编程语言中的函数用于将可复用的代码封装在一起，以便在多次使用该函数时，无须一次次重复编写同样的代码。比如，我们需要计算一个复杂的表达式：当 $x<0$ 时，$y=x^2+1$；而当 $x \geqslant 0$ 时，$y=x^2-1$。我们可能有很多不同的输入 x，因此在实现代码时，可以将这个复杂的计算过程封装为一个函数，只要将 x 传入函数中，就可以得到相应的 y。如图 2-8 所示，

```
1  def get_result(x):
2      if x < 0:
3          y = x ** 2 + 1
4      else:
5          y = x ** 2 - 1
6      return y
7
8
9  a = [-1, 2, -3, 4, -5]
10
11 for x in a:
12     y = get_result(x)
13     print(y)
```

图 2-8　函数代码演示

我们首先将计算过程放在 get_result(x) 函数里面，其中 get_result 为函数名，x 为参数，在函数体中会用到这个参数。return 表示返回，若没有返回值则可省略不写，若有返回值，则 return 后面跟返回的值，此时返回计算结果。第 11 行代码遍历 a 中的元素，循环调用该函数，并将返回的结果赋值给变量 y。

Python 基础实践

随机数生成与排序

听子牙讲完，站在最前面的难民说道："听恩公讲了这么多，我们已经了解 Python 的基础用法了。很多以前需要人来实现的，现在看来，使用 Python 可以更快、更好地实现，请恩公将此技能传授于我等吧！"

姜子牙将技能分解成两步：生成一个数据列表来模拟数据，然后进行排序操作。开始一个 Python 程序之前，我们需要通过 import 语句导入 random 库。import 语句用来导入其他 Python 文件（称为模块），程序可使用该模块里定义的类、方法或者变量，从而达到代码复用的目的。

random.randint(a, b) 生成大于等于 a 小于等于 b 的整数；random.random() 生成一个在 [0, 1) 区间上的实数；random.choice(sequence) 从序列中获取一个随机元素，其中 sequence 在 Python 中不是一个特定的类型，而是泛指列表、元组、字符串等一系列的类型。如果要生成一个含有 20 个随机数的列表，要求所有元素不相同，并且每个元素的值介于 1 到 100 之间，则可以调用 random.sample() 生成不相同的随机数，如图 2-9 所示。

```
1  alist = random.sample(range(1,101),20)
2  print(alist)

运行时长: 38毫秒   结束时间: 2021-06-14 16:37:25
```

图 2-9　20 个随机数列表

生成随机数后，对列表进行排序可采用两种方法：用 sorted(list) 直接改变 list 和调用 list 的方法 list.sort，如图 2-10 所示。

```
1   blist = sorted(alist)
2   print(blist)
```

运行时长: 4毫秒　结束时间: 2021-06-14 16:40:18

```
[16, 19, 20, 33, 34, 37, 38, 39, 42, 46, 49, 60, 74, 75, 78,
```

```
1   alist.sort()
2   print(alist)
```

图 2-10　列表排序

上面两种方法是不同的。list.sort() 是 class list 下面的一个函数，是列表独有的；list.sort 排序是在原有列表上进行的，列表本身的顺序会改变。list.sort 不会返回一个新的列表，只是返回 None。sorted() 是 Python 的内置函数，它不改变原有对象的值，而是生成一个新的列表对象，并返回，它不仅能将 list 作为参数传递进去，还可以接收任何形式的可迭代对象，甚至是不可变序列或者生成器作为参数，不管接收何种参数，sorted() 都返回一个列表。

九九乘法表

这时，一个小朋友问道："Python 可以帮我写九九乘法表吗？"

九九乘法表是一个非常考验逻辑思考能力的 Python 小程序，重点需要解决的是循环问题。如果我们想实现一个九九乘法表，首先需要考虑想得到的目标样式，如图 2-11 和图 2-12 所示。

```
1×1=1
1×2=2	2×2=4
1×3=3	2×3=6	3×3=9
1×4=4	2×4=8	3×4=12	4×4=16
1×5=5	2×5=10	3×5=15	4×5=20	5×5=25
1×6=6	2×6=12	3×6=18	4×6=24	5×6=30	6×6=36
1×7=7	2×7=14	3×7=21	4×7=28	5×7=35	6×7=42	7×7=49
1×8=8	2×8=16	3×8=24	4×8=32	5×8=40	6×8=48	7×8=56	8×8=64
1×9=9	2×9=18	3×9=27	4×9=36	5×9=45	6×9=54	7×9=63	8×9=72	9×9=81
```

图 2-11　第一种样式的九九乘法表

```
1×9=9   2×9=18  3×9=27  4×9=36  5×9=45  6×9=54  7×9=63  8×9=72  9×9=81
1×8=8   2×8=16  3×8=24  4×8=32  5×8=40  6×8=48  7×8=56  8×8=64
1×7=7   2×7=14  3×7=21  4×7=28  5×7=35  6×7=42  7×7=49
1×6=6   2×6=12  3×6=18  4×6=24  5×6=30  6×6=36
1×5=5   2×5=10  3×5=15  4×5=20  5×5=25
1×4=4   2×4=8   3×4=12  4×4=16
1×3=3   2×3=6   3×3=9
1×2=2   2×2=4
1×1=1
```

图 2-12　第二种样式的九九乘法表

根据你需要的不同的输出样式，可以选择不同的代码结构。我们来看第一种样式的九九乘法表应该如何实现：

```
# 第 1 种写法
i = 1
while i < 10:                    # 控制最大行数为 9
    j = 1
    while j <= i:                # 控制一行中相乘直到最大数（行数）
        print('%d*%d=%d\t' %(j, i, i*j) , end=(''))
        j +=1
    print('')
    i +=1
```

通过这样的打印方式，可以得到一个如图 2-11 所示的乘法表。这里使用的是 while 循环，也可以通过 for 循环来实现，代码如下：

```
# 第 2 种写法
for i in range(1,10):
    for j in range(1,i+1):       # stop=i+1，即不包括 i+1，只到 i
        print("%d*%d=%d\t"%(j,i,i*j),end='')
    print()
```

人工智能游乐场

一个难民说道："恩公讲了这么多，我等已经对 Python 有了基本的了解，那 AI Studio 又为何物？"

子牙道："我来给大家演示一下如何使用 AI Studio 吧！"

百度 AI Studio 是针对 AI 学习者的在线一体化学习与实训社区，是集合了 AI 教程、深度学习样例工程、各领域的经典数据集、云端的超强运算及存储资源的比赛平台和社区。其官网地址为：https://aistudio.baidu.com/aistudio/index。

进入 AI Studio 官网后，点击“项目”，进入项目列表页面，如图 2-13 所示。

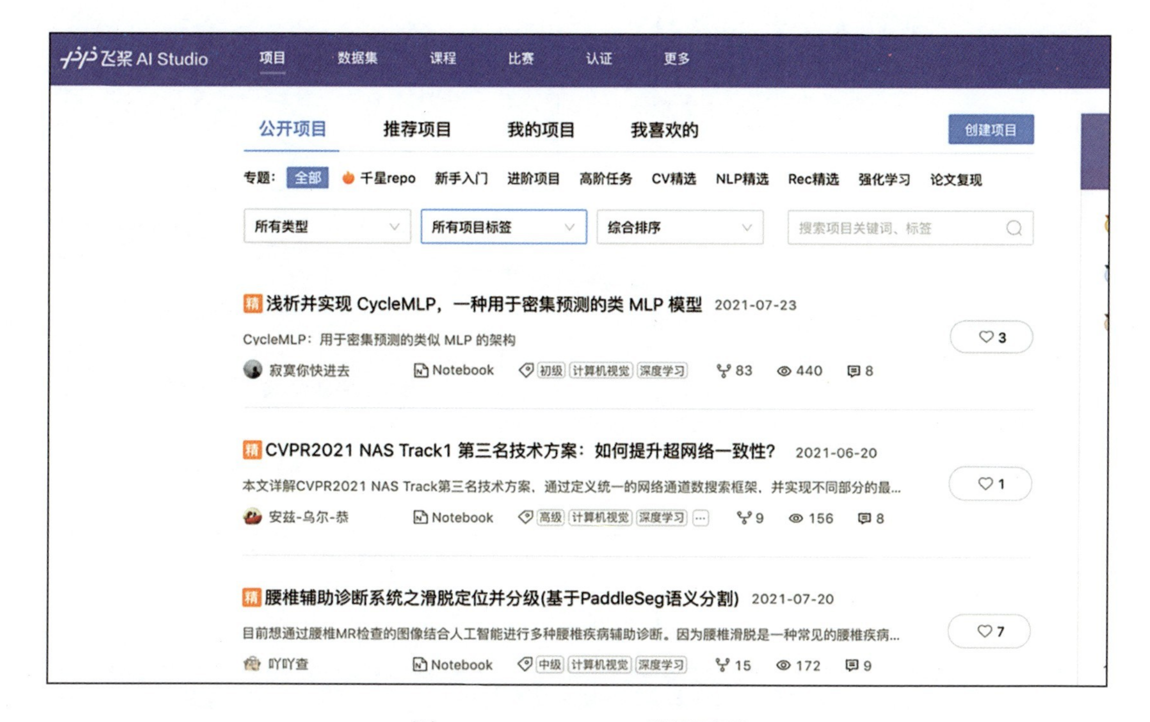

图 2-13　AI Studio 项目页面

在该页面中包含很多公开的优秀项目，涵盖计算机视觉、自然语言处理、语音识别、推荐算法、知识图谱、强化学习等多个研究领域。我们可以打开项目点击“运行一下”来亲自体验如何运行项目。

另外，我们也可以自己创建一个新的项目。首先点击“创建项目”按钮，出现如图 2-14 所示的界面。创建一个 AI Studio 项目主要有三个步骤：

- 选择要创建的项目类型，此时我们默认选择 Notebook 项目。
- 配置项目环境，AI Studio 内置了 Python 3.7 和 Python 2.7 两个版本，如图 2-15 所示。
- 添加项目的描述信息，如项目名称、项目描述等。此外，还可以给该项目选择项目标签，如图 2-16 所示。

点击“创建”按钮，弹出如图 2-17 所示的窗口。

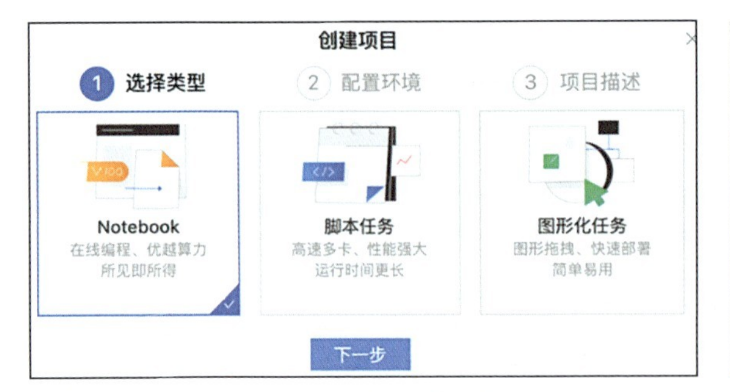

图 2-14　创建项目

图 2-15　选择项目框架和 Python 环境

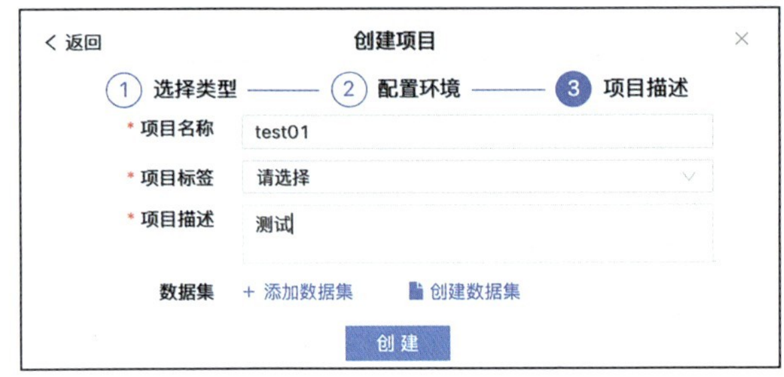

图 2-16　添加项目描述信息

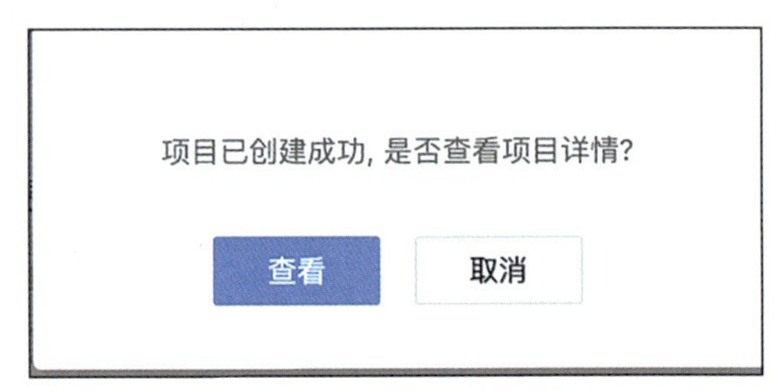

图 2-17　项目创建成功

点击“查看”按钮，进入如图 2-18 所示的界面。

图 2-18　查看项目

点击“启动环境”按钮，弹出如图 2-19 所示的界面。

选择该项目要运行的环境，包括基础版、高级版、至尊版三种，默认选择基础版。

点击“确定”按钮后，进入如图 2-20 所示的界面，此时便可以开始编写 Python 代码并运行了。

图 2-19　启动项目

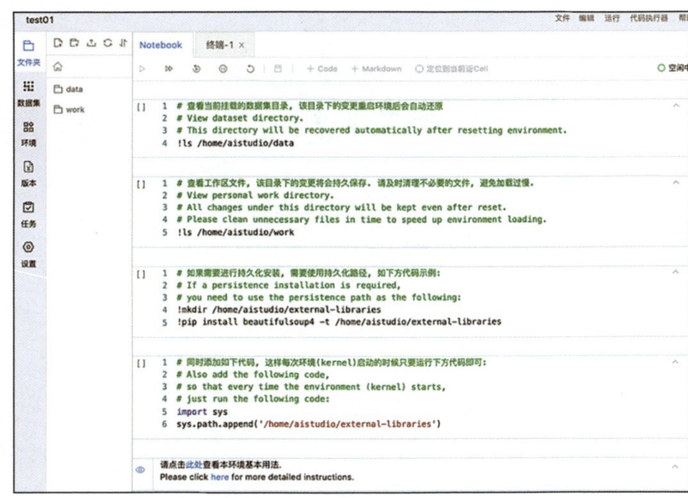

图 2-20　编写代码的页面

关于此环境的用法，可以参考以下文档：https://ai.baidu.com/ai-doc/AISTUDIO/sk3e2z8sb。

家庭作业

请在 AI Studio 平台中创建一个项目，编写 Python 代码，实现如下功能：随机生成 30 个数，并对其进行逆序排序。

扫描封底二维码，下载数据集，结合家庭作业参考答案，即可完成实践。

第3章 渭水垂钓遇文王，机器学习露锋芒

姜子牙来到西岐以后，在渭水磻溪隐居起来，日日头戴蓑笠于河边垂钓，却从不见一条鱼儿上钩。这天，路过的樵夫武吉实在看不下去，便跑来和姜子牙聊天。

“太公，你日日垂钓却无一条鱼儿上钩，难道心中不着急吗？这样吧，我最近猎物的时候，常常分不清天上的雕和鸽子，你若能帮助我分清楚雕和鸽子，我便告诉你钓鱼的秘诀！”武吉笑嘻嘻地说道。子牙觉得这樵夫有趣，便答道：“这有何难？区分雕和鸽子这个问题，可以使用机器学习来解决。”

武吉瞪大了眼睛：“机器学习？我听说过，它是实现人工智能的一种手段，近年来甚是流行。”子牙欣赏地看了武吉一眼，回答道：“哈哈，说得不错，看不出你还了解机器学习！机器学习研究计算机怎样模拟或实现人类的学习行为以获取新的知识或技能、重新组织已有的知识结构以便不断改善自身的性能，从而达到人的能力。”紧接着，子牙把口袋里的“机器学习分类杵”送给了武吉，说道：“有了它，雕鸽分类就不再是难题了！”

路过的周文王眼前一亮，立马上前说道：“先生就是我要寻找并拜访的大贤，请为我等展示机器学习的妙招吧！”（见图 3-1）

图 3-1　姜子牙渭水垂钓遇文王

机器学习概述

机器学习（Machine Learning，ML）就是让机器通过学习数据来获得某种知识，从而获得解决问题的能力。机器学习往往指一类通过学习数据来完成任务的算法。其实，这种通过学习数据来解决问题的思路仍然源于人类思考的方式。我们经常听到很多俗语，例如“朝霞不出门，晚霞行千里”“瑞雪兆丰年”“干冬湿年”等，这些都体现了从古至今人类的智慧。那么为什么会有出现朝霞就会下雨、出现晚霞就会晴朗的说法呢？原因就在于人类具有强大的归纳能力，根据每天的观察和总结，慢慢“训练”出了这种根据朝霞 / 晚霞分辨是否下雨的“分类器”。

按照样本是否有标签值，可将机器学习算法分为有监督学习和无监督学习。有监督学习事先用带有标签的样本进行训练，然后用得到的模型进行预测；无监督学习则直接对数据进行预测，样本不带有人工标注的标签值。机器学习的流程如图 3-2 所示。

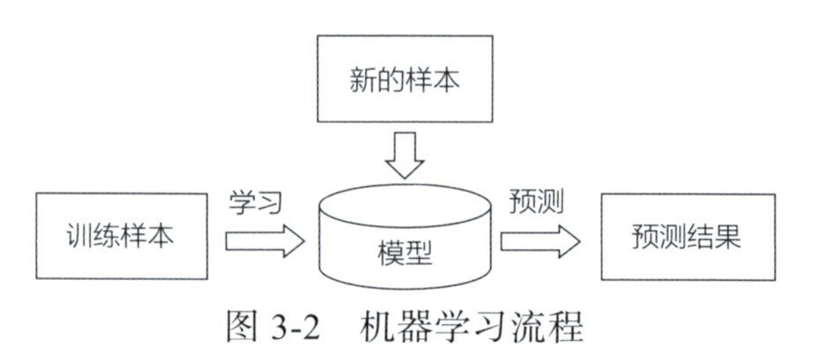

图 3-2　机器学习流程

简单来说，回归就是一种归纳的思想，即根据大量的事实所呈现的状态推断出原因，根据大量数字对应的状态推断它们之间蕴含的关系。

因此，回归就是通过学习输入变量（自变量）和输出变量（因变量）之间的关系，根据每一个输入得到一个与之对应的输出。回归模型如图 3-3 所示。

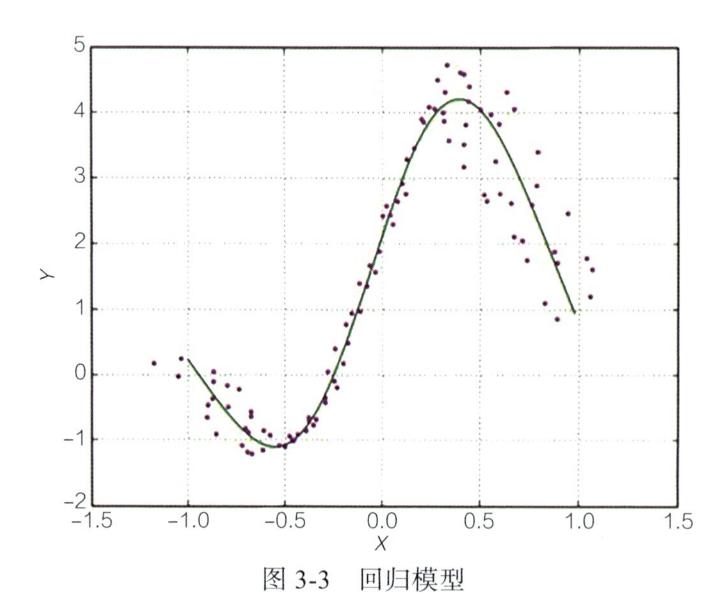

图 3-3　回归模型

聚类

聚类是一种什么现象呢？我们在认识客观世界的过程中，一直都要面对量的问题。我们遇到的每一棵树、每一朵花、每一只昆虫、每一只动物、每一栋建筑都有不同之处，甚至差距相当大。那么，人在认知和记忆这些客观事物的过程中就会感到非常痛苦，因为量实在是大到我们无法承受的地步。于是，人类在认知世界的过程中“偷懒”性地选择了归纳和总结的方式。

人类天生具有归纳和总结的能力，能够把相似的事物放在一起作为一类事物来认识，一类事物之间可以彼此不同，但是不同会有一定的“限度”，只要在这个“限度”内，稍有区别并无大碍，它们仍然属于一类事物。

比如，当我们第一次见到狗、大象、长颈鹿的时候，如果没有人告诉我们它们是什么，我们并不能很好地区分它们。但是当我们见过许多狗、大象和长颈鹿之后，即使没有人告诉我们，我们也可以归纳出有着长鼻子的是一类动物，脖子特别长的是一类动物，身材比较小巧的是一类动物。这就是一个典型的聚类问题。我们事先不知道每类动物的名字，但是如果有一定数量的动物，我们就可以根据形态和表观（特征）把它们划分为不同的种类。

聚类问题是无监督学习的问题，其算法的思想就是“物以类聚，人以群分”。聚类算法感知样本间的相似度，从而进行类别归纳。聚类模型如图 3-4 所示。

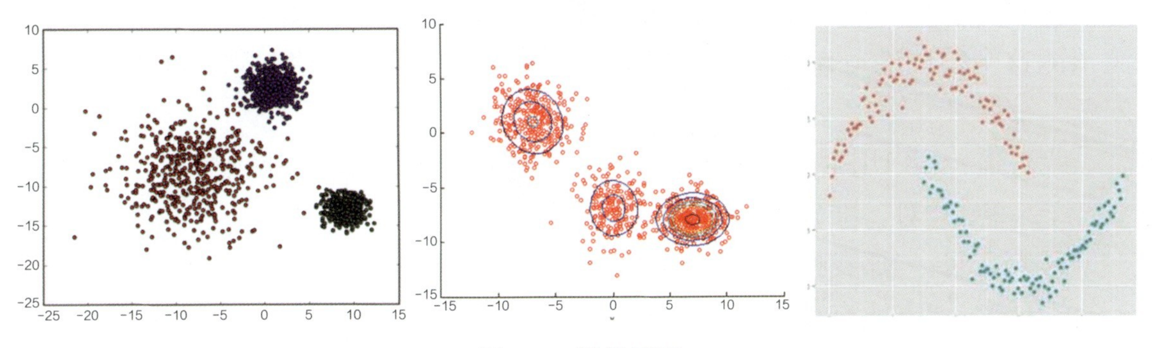

图 3-4　聚类模型

分类

分类是指针对一个输入，我们需要从预先定义好的几个输出中给出一个与之对应的输出。简单来说，当我们收到一封邮件后，要判断它属于垃圾邮件还是正常邮件（输出被限定为垃圾邮件和正常邮件两种选择），这就是分类的一个例子。

要实现一个强大的分类方法，首先需要大量的样本对象，还需要知道这些样本对象的特征和所属类别，并把这些数据告诉计算机，让计算机总结分类的原则，形成一个分类模型，再把新的待分类或未知分类的样本交给这个分类模型，让它完成分类过程。图 3-5 给出了一个邮件分类与新闻分类的示意图。

图 3-5　邮件分类与新闻分类

分类方法和回归方法的不同之处在于：回归研究的是具体的数值，分类方法则不一定，它的样本除了可以是数值外，还可以是枚举值或者文本。例如，从实时收集的路况信息来预测某路段目前的行车速度是典型的回归问题，而预测这个路段的行车状态是“畅通”“繁忙”还是“拥堵”则是典型的分类问题。

武吉道：“我明白了，那雕和鸽子的分类应该属于分类问题吧？”

子牙答：“对，准确来说，这属于一个二分类问题。”

武吉又问：“那我怎么做才能用机器学习方法解决这个二分类问题呢？”

子牙道：“方法有很多，我今天先给你讲讲最简单的 K 近邻算法吧！”

K 近邻算法

K 近邻算法，英文为 K-Nearest Neighbor（KNN），意思是 K 个最近的邻居。KNN 算法可以是一种分类算法（将输入分为不同的类别），也可以是一种回归算法（根据输入来输出一个对应的实数值）。它的主要思路是给定一个输入，计算与其最近的 K 个邻居，然后根据这 K 个邻居的类别，使用一定的决策规则确定该输入样本的类别。通常的算法建模流程是：在训练数据上训练一个模型，然后对预测数据输入进行同样的模型计算，输出它的预测结果。与通常算法不同的是，KNN 算法实际上没有训练过程，我们在预测的过程中直接计算预测样本与所有训练样本之间的距离，得到 K 个距离最近的近邻样本，然后根据相应的决策规则决定输入样本的类别。

从 KNN 算法的工作流程可以发现，其实 KNN 算法有三个关键点：K 值的选择、距离度量方法以及类型的决策规则。这三个关键点决定了 KNN 算法的复杂程度和预测准确率。下面我们详细地分析一下三个关键点的选取方法。

K 值的选择

K 值选多大合适呢？这会对 KNN 算法产生极其重要的影响。

我们首先考虑极端的情况。当 K=1 时，KNN 算法变为最近邻算法，也就是说，我们输入一个样本，计算它与所有训练样本的距离，取距离最小的样本的类型作为输入样本的类型。这时输入样本的类型只取决于最近的那个样本，对最近邻样本十分敏感，假如这个最近邻样本是一个噪声点（异常点），那么就会造成预测错误。所以当 K 取值非常小时，整体模型就会变得复杂，并且容易发生过拟合（过拟合是指模型在训练集上性能表现得好，在测试集上性能表现得差）。我们再考虑当 K=N（N 为训练样本总数）时，KNN 算法会导致所有样本预测的结果都一样（为训练样本中包含样本数最多的那个类型），这是完全不靠谱的算法，因为训练数据中大量的有效信息被忽略了。虽然 K 值大时模型变得更加简单，但是，若 K 个近邻中包含的无关样本较多，也会导致预测错误。因此，选择一个合适的 K 值至关重要，在实际应用中，我们通常是让 K 取一个较小的值，经过多次尝试后得到一个较为适用的 K 值。

距离的度量

我们在做分类的时候，首先要有样本特征。什么是样本特征呢？就是可以代表、标识样本的一系列值的集合。比如，一张图片的特征就是它的像素点取值，而一个文本的特征就是文本中各个词的相应表示。我们要度量两个样本的距离，就是计算两个样本特征之间的距离。

当我们比较两个人的身高时，可以描述甲比乙高 20cm，那么这里的 20cm 就是甲、乙身高的距离度量。但很多情况下，两个样本之间的差异并不像身高差异这么明显，这时候就需要规定一个距离度量来描述差异。

在人工智能领域，度量距离的方法有很多。比如余弦距离，形象地说就是把样本特征看作坐标空间中的某个点（坐标值为其样本特征值），连接样本点与原点，余弦距离就是样本点与原点之间连线的夹角，夹角越大说明两者距离越远，反之距离越近。再比如欧式距离，欧氏距离就是我们平常使用的对差的平方求和再进行开方操作，这直接反映了空间中两个点的直线距离。除了上述两种常用的距离之外，还可以使用的距离度量方法有曼哈顿距离、范数距离、汉明距离、杰卡德距离、皮尔逊相关系数等，感兴趣的读者可以自行查阅相关资料哦！

类型决策规则

类型决策规则用来规定如何根据 K 个近邻的样本类型来决定预测类型。在实际应用过程中，我们通常采用多数表决原则，也就是少数服从多数，取 K 个近邻中包含样本数最多的类别作为输入的预测类型。

从上面的介绍中可以看到，KNN 算法是非常简单的，整体的复杂程度也比较低，适合很多大样本的自动分类过程。但是，KNN 也存在不可避免的缺点。首先，它的计算量非常大，预测样本要计算与每个训练样本的距离，当训练样本非常多时，计算过程会非常耗时。其次，要解决样本不均衡的问题，就是说当训练样本各个类型所包含的样本数量差距过大时，预测时极有可能将预测样本分类为包含样本数比较多的类型，这种情况在应用中很常见，也在一定程度上导致 KNN 算法输出的可解释性不强。

基于 KNN 的雕鸽分类实践

武吉半信半疑地问道：“KNN 是怎么实现雕鸽分类的呢？”子牙不慌不忙地解释道：“实现雕鸽分类，首先要有一个包含雕与鸽两种鸟类的数据集，用来构造特征空间。”“可是去哪里找这样的图片呢？”武吉小声嘟囔着，突然他灵光一闪，大呼道：“有了！网络中有大量的图片，我们可以直接用百度通过查询关键词来自动获取一部分图片呀！”姜子牙微笑着点了点头。说干就干，通过观察百度图片搜索关键词时 URL 的特征，子牙设计了以下代码进行指定关键词的图片爬取：

```
import requests
import os
import urllib

class GetImage():
    def __init__(self,keyword='雕',paginator=1):
        # self.url: 链接头
        self.url = 'http://image.baidu.com/search/acjson?'
        # 浏览器头设置，将爬虫程序伪装成一个类似于人通过浏览器查询的过程
        self.headers = {
            'User-Agent': 'Mozilla/5.0 (Windows NT\
                          10.0; WOW64) AppleWebKit/537.36\
                          (KHTML, like Gecko) Chrome/69.0.\
                          3497.81 Safari/537.36'}
        self.headers_image = {
            # 浏览器代理
            'User-Agent': 'Mozilla/5.0 (Windows\
```

```
                    NT 10.0; WOW64) AppleWebKit/537.36 \
                    (KHTML, like Gecko) Chrome/69.0.\
                    3497.81 Safari/537.36',
            # 浏览器跳转链接，指程序模拟人的操作过程中，从该链接跳转到目标页面
            'Referer': 'http://image.baidu.com/\
                search/index?tn=baiduimage&ipn=r&\
                ct=201326592&cl=2&lm=-1&st=-1&\
                fm=result&fr=&sf=1&fmq=1557124645631_R&\
                pv=&ic=&nc=1&z=&hd=1&latest=0&copyright\
                =0&se=1&showtab=0&fb=0&width=&height=\
                &face=0&istype=2&ie=utf-8&sid=&word=%\
                E8%83%A1%E6%AD%8C'}
        self.keyword = keyword                          # 定义关键词
        self.paginator = paginator                      # 定义要爬取的页数

    def get_param(self):
        # 将中文关键词转换为符合规则的编码
        keyword = urllib.parse.quote(self.keyword)
        params = []
        # 为爬取的每页链接定制参数
        for i in range(1, self.paginator + 1):
            params.append(
                'tn=resultjson_com&ipn=rj&ct=201326592&is=&\
                fp=result&queryWord={}&cl=2&lm=-1&ie=utf-8&o\
                e=utf-8&adpicid=&st=-1&z=&ic=&hd=1&latest=0&\
                copyright=0&word={}&s=&se=&tab=&width=&height\
                =&face=0&istype=2&qc=&nc=1&fr=&expermode=&for\
                ce=&cg=star&pn={}&rn=30&gsm=78&1557125391211\
                ='.format(keyword, keyword, 30 * i))
        return params                                   # 返回链接参数

    def get_urls(self, params):
        urls = []
        for param in params:
            urls.append(self.url + param)               # 拼接每页的链接
        return urls                                     # 返回每页链接

    def get_image_url(self, urls):
        image_url = []
        for url in urls:
            # 利用 request 包中的 get 函数获取页面内容，并且将其解析为字典格式
            json_data = requests.get(url, headers=self.headers).json()
            # 获取字典中所有键为 data 的项
            json_data = json_data.get('data')
            for i in json_data:
                if i:                                   # 取值不为空，则获取图片链接
                    image_url.append(i.get('thumbURL'))
        return image_url
```

```
    def get_image(self, image_url):
        # 根据图片 URL，在本地目录下新建一个以搜索关键字命名的文件夹
        # 然后将每一个图片存入
        cwd = os.getcwd()                                   # 获取当前文件夹所处的路径
        file_name = os.path.join(cwd, self.keyword)         # 路径拼接
        if not os.path.exists(self.keyword):                # 文件夹是否存在
            os.mkdir(file_name)                             # 不存在则构建文件夹
        for index, url in enumerate(image_url, start=1):         # 保存图片
            with open(file_name+'\\{}_0.jpg'.format(index), 'wb') as f:
                f.write(requests.get(url, headers=self.headers_image).content)
            if index != 0 and index % 30 == 0:
                print('第{}页下载完成'.format(self.keyword,index/30))

    def __call__(self, *args, **kwargs):
        params = self.get_param()                                # 获取链接参数
        urls = self.get_urls(params)                             # 获取所有图片链接
        image_url = self.get_image_url(urls)                     # 拼接图片 URL
        self.get_image(image_url)                                # 下载图片

    if __name__ == '__main__':
        spider = GetImage('鸽子', 3)
        spider()
```

通过上面的代码，我们就获得了一个可以用来训练的数据集。爬取的图片结果如图 3-6 所示，其中字符“_”后面的数字 0/1 标识鸟的类别：0 为鸽子，1 为雕。

图 3-6　雕鸽分类数据集展示

现在，我们需要设计 KNN 算法来训练模型，并测试 KNN 的准确率。从

图 3-6 可知，图片大小不一且都具有 R、G、B 三通道（彩色），这样的图片无法直接输入到模型中。因此，首先需要对数据进行规范化处理，使它们大小相同。缩放后的图片如图 3-7 所示。

```
def fixed_size(width, height, infile, outfile):
    # 按照固定尺寸处理图片
    im = Image.open(infile)          # Image 是用于打开图像并对图像进行基础处理的库
    print(im.size)
    out = im.resize((width, height), Image.ANTIALIAS)
    # 将图像变成我们想要的尺寸
    out.save(outfile)

def resize_image(file_path, width, height,out_path='train_'):
# 读取文件夹下的所有图片，按照固定尺寸处理图片
    files = listdir(file_path)           # listdir 可以列出文件下的所有文件路径
    if not os.path.exists(out_path):     # 判断输出的路径是否存在
        os.mkdir(out_path)               # 如果不存在则创建这个路径
    for im in files:
        im_path = os.path.join(file_path,im)
        fixed_size(width, height, im_path, os.path.join(out_path,im))

# 将所有图片都缩放为 100*100 的图片
width=100
height=100
resize_image('train', width, height,out_path='train_')
```

图 3-7　缩放图片至指定大小后的数据集展示

现在所有图片的大小已经统一，接下来就需要进行 KNN 算法的训练以及测试了。我们调用已经封装好的库函数来实现上述数据集的分类功能，训练与

测试结果如图 3-8 所示。下面是用 KNN 算法实现图片分类的代码。

```
import numpy as np
from PIL import Image
import matplotlib.pyplot as plt
from os import listdir
from sklearn.neighbors import KNeighborsClassifier as KNN
import os

def img2vector(filename):
    # 打开图片，将 RGB 格式的图转化为灰度图
    img = Image.open(filename).convert('L')
    # 将图像转换为数组
    arr = np.asarray(img, dtype="uint8")
    # 改变数组的维度，以方便 KNN 计算距离
    returnVect = arr.reshape((1,10000))
    # 返回转换后的 1x10000 向量
    return returnVect

# KNN 分类训练
def knn_classification(k, trainingMat, hwLabels):
    # 通过调用机器学习的模型库来构建 KNN 分类器
    neigh = KNN(n_neighbors = k, algorithm = 'auto')
    # 拟合模型，trainingMat 为训练矩阵，hwLabels 为对应的标签
    neigh.fit(trainingMat, hwLabels)
    print('训练结束，计算 KNN 模型评分中 ...')
    # 通过输入数据，根据模型输出的结果和真实的标注计算模型评分
    res = neigh.score(trainingMat, hwLabels)
    print('KNN 模型最终评分为：{}'.format(res))
    print('---------- 程序结束 ----------')
    # 返回 KNN 模型
    return neigh

# 预测所有测试集
def predict():
    # 返回 testDigits 目录下的文件列表
    testFileList = listdir('test_')
    # 错误检测计数
    errorCount = 0.0
    # 测试数据的数量
    mTest = len(testFileList)
    # 从文件中解析出测试集的类别并进行分类测试
    for i in range(mTest):
        # 获得文件的名字
        fileNameStr = testFileList[i]
        # 获得分类的数字
        classNumber = str(fileNameStr.split('_')[1].split('.')[0])
        # 获得测试集的 1×1024 向量，用于训练
        vectorUnderTest = img2vector('test_/%s' % (fileNameStr))
```

```
        # 获得预测结果
        classifierResult = KNN.predict(vectorUnderTest)
        if classifierResult == classNumber:
            res = '正确'
        else:
            res = '错误'
        print("{}分类返回结果为{}\t真实结果为{}\t预测
            {}".format(fileNameStr,classifierResult, classNumber, res))
        if(classifierResult != classNumber):
            errorCount += 1.0
    print("总共错了%d个数据\n准确率为%f%%"%(errorCount, 100-errorCount/mTest * 100))

if __name__=="__main__":   # 主函数入口
    k = 6                  # 设定k值
    KNN = knn_classification(k)
    predict()
```

```
训练数据导入中...
构建KNN分类器，训练进行中...
训练结束，计算KNN模型评分中...
KNN模型最终评分为：0.8527131782945736
----------程序结束----------
10_1.jpg 分类返回结果为['1']  真实结果为1  预测正确
1_0.jpg 分类返回结果为['0']  真实结果为0  预测正确
1_1.jpg 分类返回结果为['1']  真实结果为1  预测正确
2_0.jpg 分类返回结果为['0']  真实结果为0  预测正确
3_1.jpg 分类返回结果为['1']  真实结果为1  预测正确
4_0.jpg 分类返回结果为['0']  真实结果为0  预测正确
4_1.jpg 分类返回结果为['0']  真实结果为1  预测错误
5_0.jpg 分类返回结果为['0']  真实结果为0  预测正确
6_0.jpg 分类返回结果为['0']  真实结果为0  预测正确
6_1.jpg 分类返回结果为['1']  真实结果为1  预测正确
7_0.jpg 分类返回结果为['0']  真实结果为0  预测正确
7_1.jpg 分类返回结果为['1']  真实结果为1  预测正确
8_0.jpg 分类返回结果为['1']  真实结果为0  预测错误
8_1.jpg 分类返回结果为['1']  真实结果为1  预测正确
9_0.jpg 分类返回结果为['0']  真实结果为0  预测正确
9_1.jpg 分类返回结果为['0']  真实结果为1  预测错误
总共错了3个数据
准确率为81.250000%
```

图 3-8　测试结果展示

武吉试了一下，果不其然，很快就能自动识别雕和鸽子了。武吉非常开心，激动地说道："先生可是帮了我大忙了！那我告诉你钓鱼的秘诀吧！钓鱼需要钩子和鱼饵来吸引鱼儿上钩，你这样直愣愣的怎能钓到鱼？"

子牙叹了一口气，回答说："你只知其一，不知其二啊……宁在直中取，不向曲中求，不为锦鳞设，只钓王与侯。我姜太公钓鱼愿者上钩，只为等待一个贤明君主一起成就大业。"

这番话正好被路过的文王姬昌听到，他惊叹于子牙的雄才伟略，又想起昨夜的飞熊扑梦，而面前这位姜子牙的道号正是“飞熊”，于是果断聘子牙为相，伐纣兴周。

家庭作业

通过本章的学习，大家通过调用机器学习模型库里的 KNN 算法实现了雕鸽分类。然而，机器学习的模型还有很多，KNN 算法只是其中一种。请尝试使用其他的机器学习模型（SVM、K-means 等）来实现雕鸽分类。

扫描封底二维码，下载数据集，结合家庭作业参考答案，即可完成实践。

神经网络卜天气，冰冻岐山赢先机

西岐城东七十里处有一座巍峨耸立、仙气缭绕的仙山，名曰岐山。受元始天尊之命，子牙要在这岐山山顶建造一座封神台，用以张挂封神榜，引渡元神，立命封神。众将士紧锣密鼓、如火如荼地劈山凿石、垒墙筑台，终于在三个月内全部完工。只见那封神台干云蔽日、巧夺天工，威严神圣地耸立在岐山山巅……子牙甚慰，决定择一吉时，将封神榜张挂其上，正式开启封神大业。

子牙的同门师弟申公豹得知此消息后嫉妒不已，怒不可遏，他握紧了拳头，咬牙切齿地诅咒道："姜子牙，师父老眼昏花才会选择你，你有什么资格执掌封神大任，你且等着，我会让你和这岐山一道化为灰烬！哈哈哈哈……"只见他眼珠一转，径直向朝歌城方向奔去。太师闻仲在申公豹的恶意挑唆下，误以为封神台乃西岐建设的军事要塞，遂派鲁熊雄、费仲、尤浑率五万大军前往西岐山，捣毁封神台。五万大军一路沸沸扬扬，不出三日就到了西岐，在岐山山脚下安营扎寨，欲次日登山毁台。

见大军压境，西岐军营人心不稳，将士们个个如坐针毡，唯有子牙一人捋着胡须，端坐在一旁，若有所思地微笑着。哪吒第一个忍不住了，上前问道："师叔，你快安排我出战吧！敌人都已经打到家门口了！"姜子牙笑着道："哪吒莫慌，山人自有妙计！"只见子牙吩咐哪吒率15人，带上冬衣棉被，避开五万大军，连夜前往岐山山顶驻扎。哪吒一头雾水，此时正值酷暑，师叔这是何意呢？军令如山，哪吒无暇多想，即刻率15人连夜出发。3天后，商军已行至半山腰，子牙见时机已到，张开双臂念了一段咒语（见图 4-1），霎时间天上竟下起了鹅毛大雪，哪吒等人连忙穿上了提前准备好的冬衣棉被，而行至半山腰的商军则冻得鼻青脸肿，费仲、尤浑更是被冻成了雕塑，5 万泱泱大军瞬间被击溃。

图 4-1　姜子牙冰冻岐山

哪吒好奇地问道："师叔，你是怎么知道今天会降温，想到佯装作法唤雪来冰冻岐山的?"姜子牙胸有成竹地说道："那要多亏神经网络了，我用它预测了近期的天气，发现 3 天后将出现大雪天气，届时我只需在山顶佯装施法，即可现鹅毛大雪冰冻岐山，商军便不攻自破。"

神经网络的雏形

哪吒对这能知晓天气的神经网络非常感兴趣，姜子牙也非常耐心地向哪吒讲解相关的知识。

什么是神经网络呢？其实，最近很火热的一门学科叫作深度学习，它使用神经网络进行学习，是机器学习的一个新的研究方向。那么神经网络是如何学习的呢？它其实就是模拟人脑的神经元工作机制，通过神经元之间的交互进行信息处理，进而实现类人的“智能”。

神经网络的计算方式

首先，我们来回顾一下人类的神经系统是什么样的。在生物课上我们就学过，生物神经系统是由大量神经细胞（神经元）组成的，如图 4-2 所示。

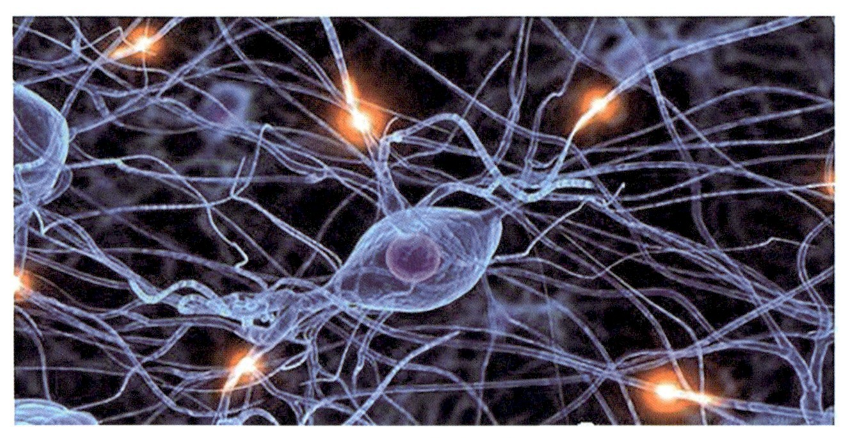

图 4-2　神经细胞

人类的大脑有 140 ～ 160 亿个神经元，每个神经元与一个或多个神经元连接，最终所有的神经元组成一个复杂的互联网络。对于每个神经元，通过突触接收来自其他神经元的信息，并在胞体内进行综合（如图 4-3 所示）。有的信号起到刺激作用，有的信号起到抑制作用，每当胞体中接收到的刺激超过一个临界值时，胞体就会被激发，通过树突向其他神经元传递信号。

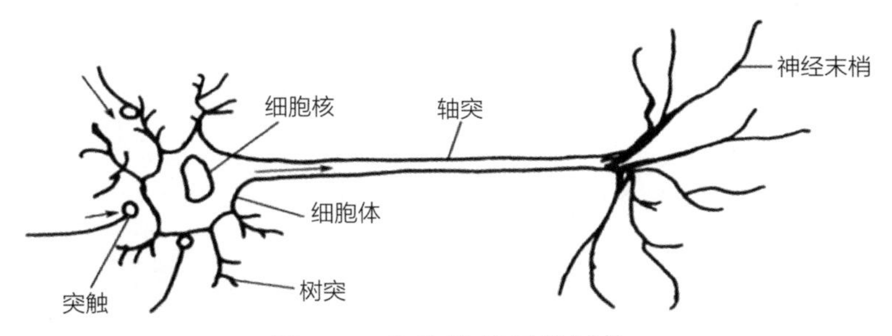

图 4-3　生物神经元的结构

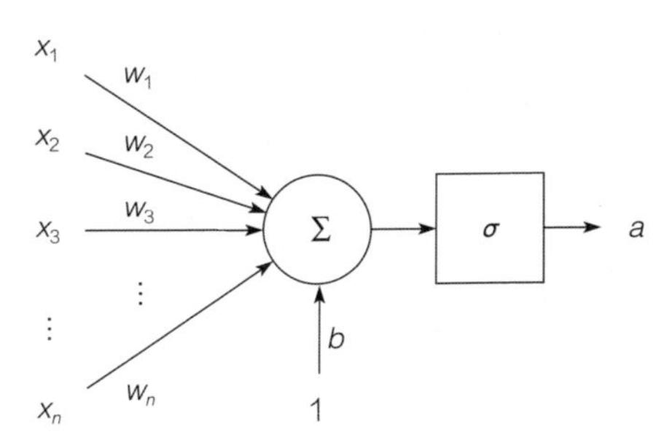

图 4-4　人工神经网络中的神经元

对比生物中的神经元，我们来看看人工神经网络中的神经元是什么样子的。如图 4-4 所示，第一部分的 $x_1, x_2, x_3, \cdots, x_n$ 就好比突触接收的来自其他神经元的信号，我们称其为神经元的输入，第二部分（圆圈节点）就像胞体内部对突触接收到的信号进行整合一样，对来自不同神经元的信号使用参数 $w_1, w_2, w_3, \cdots, w_n$ 进行加权求和处理，它通常是一个多项式函数，也是神经网络中要学习训练的部分。

在人类的神经元中，胞体只有在受到一定程度的刺激后才会被激发，神经网络中也有类似结构。在第三部分中有一个激活函数（Activation Function，见图 4-4 中的方框），它的作用就是针对前面整合的信息做一个变换，最终通过输出部分（也就是人类神经元中的树突）传递给其他神经元。

神经元是如何计算输出的呢？下表列出了神经元输出的计算过程。对于输入神经元的信息 $x_1, x_2, x_3, \cdots, x_n$，可训练的参数 $w_1, w_2, w_3, \cdots, w_n$ 分别为它们对应的权重，b 是对于这些神经元组合结果的**偏置**（Bias），那么整个神经元的计算过程如下：

输入	x_1，x_2，x_3，…，x_n
过程 1	针对输入的 x_1，x_2，x_3，…，x_n 与权重 w_1，w_2，w_3，…，w_n 进行点乘操作：$y_0=w_1*x_1+w_2*x_2+\cdots+w_n*x_\mathrm{n}$
过程 2	对于得到的 y_0 进行加偏置的操作：$y=y_0+b$
过程 3	最后，对于得到的 y 用激活函数进行激活：$Z=F(y_1)$
输出	Z 即为神经元的输出

知识点

偏置：又称为偏置单元（Bias Unit），就是函数中的截距项，用于控制函数偏离原点的程度，目的是更好地拟合数据。

神经网络在内部进行了一系列计算。在计算过程中，什么样的参数是最好的？怎样能得到最好的参数？这种获得**最优参数**的过程，称为神经网络的学习过程，也就是神经网络的训练，这类似于人类的学习过程。比如，在我们尚未见过狗的时候，并不知道什么是狗，但是当我们见到狗的时候，有人不断告诉我们这是中华田园犬、这是柯基、这是柴犬。慢慢地，当重复地接受了许多狗的信息后，我们的神经系统会自动凝练出狗的特征。当见到一只之前从未见过的斗牛犬的时候，我们仍然可以根据已经学习到的知识，辨认出这是一只狗，这就是人类学习的过程。神经网络的训练过程与我们的学习过程相似，一个新的神经网络就像一个新生的婴儿，起初对我们要解决的问题一无所知，这时就需要给该网络输入许多带有标注的数据。一个神经网络接收这些数据（比如图片）后，根据设计的网络结构进行计算，输出相应的结果。比如，刚开始训练时，由于神经网络从未见过狗，它很难输出正确的答案，这时就要用网络输出的答案和真实的标注标签做对比，如果错误，我们会通过一个损失函数（Loss Function）去告诉网络，它输出的结果是错误的，然后利用一个优化器（Optimizer）模块，告诉网络应该如何调整才能向着最优参数的方向迈进。通过将带标注的数据不断地输入网络，通过“损失函数”持续纠正网络，最终网络会得到较好的计算结果，也就是说能正确预测大多数图像，这时我们就认为神经网络学习到了相应的知识，上述过程就是神经网络的训练过程，即学习过程。

知识点

最优参数：在这些参数构成的函数上，模型取得最优的效果。

神经网络预测就是指使用训练好的神经网络的过程，就好比我们学习完如何爬取图片之后，就可以使用爬虫技术来爬取“叫花鸡”的相关信息。在预测的过程中，输入网络的不是带有标注的数据，而是不带标注的数据，因此在预测过程中，神经网络不再被告知输出的结果是否准确，而训练好的参数也不再被修改，只会根据我们的输入来输出相应的计算结果。

激活函数与损失函数

前面提到了两个关键的概念：激活函数与损失函数。这两个函数究竟是做什么的呢？

激活函数就是对神经元的输出进行非线性变换，使神经元的新输出与输入不是一个线性关系，使用非线性这一特性来建模更加复杂的问题。前面讲过，在神经元中会对所有的输入进行加权求和，之后会对结果施加一个函数，这个函数就是我们所说的激活函数，如图 4-5 所示。如果神经元的输出不使用激活函数，则每一层的输出都是输入的线性组合，不管叠加多少层神经网络，最后的输出都是最开始输入数据的线性组合。激活函数具有非线性的性质，为神经元输出引入了非线性因素。当加入多层神经网络时，可以使神经网络拟合任何线性函数及非线性函数，从而可使神经网络用于解决更复杂的问题。

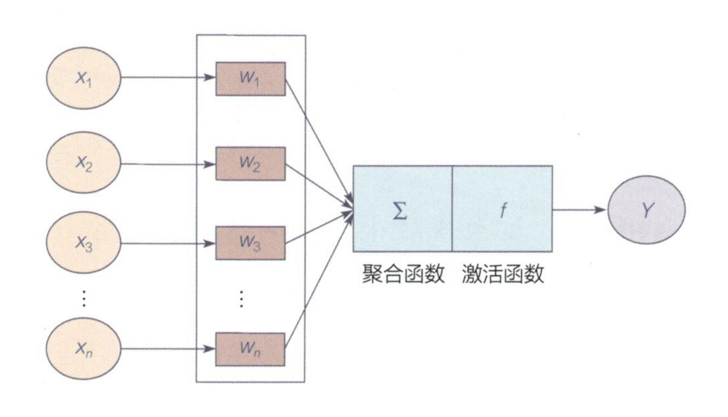

图 4-5 激活函数

知识点

非线性变换： 向量到自身所处的空间的映射叫作线性变换，若变换到另外一个空间，则称为非线性变换。

理想的激活函数应将输入值映射为 1 或 0，分别对应神经元激活状态和神经元抑制状态。具备这种性质的代表性的函数就是阶跃函数：$y=\begin{cases}0, & x<0\\1, & x\geqslant 0\end{cases}$。通过阶跃函数的性质我们会发现，这样的激活函数不光滑、不连续（x=0 处不连续），因此使用这类激活函数会导致神经元学习的过程变得困难。

常用的激活函数有 Sigmoid 函数、Tanh 函数等，这类激活函数均为 S 形曲线，可以轻易实现非线性激活，但是它们存在激活饱和区，容易造成学习过程中出现梯度消失或者梯度爆炸的情况。后来，ReLU 激活函数及其一系列变体能够在实现非线性的同时有效地抑制梯度消失与爆炸的问题，成为广泛应用的激活函数。上述三种激活函数的图示如图 4-6 所示。

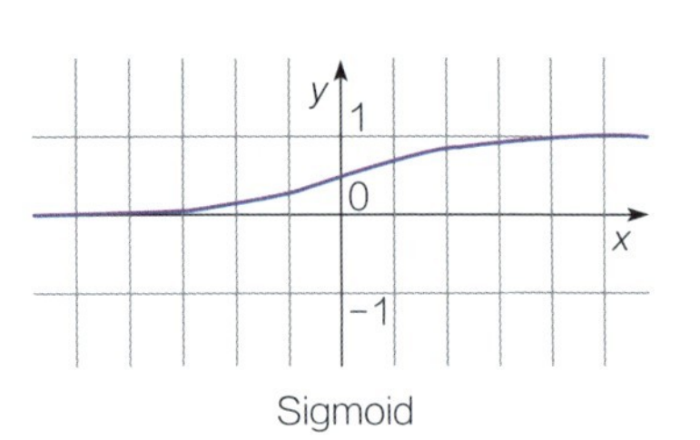

Sigmoid

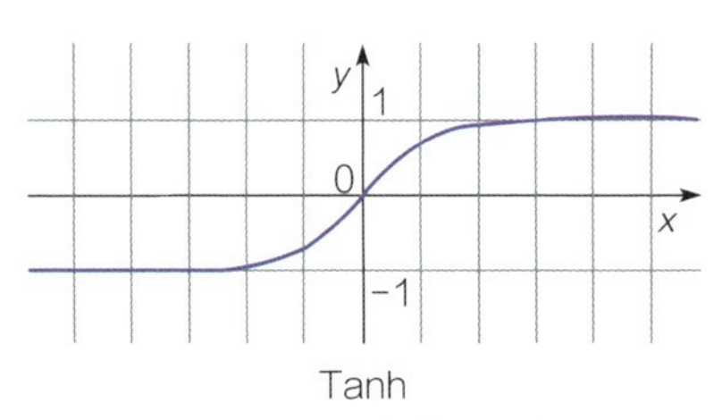

Tanh

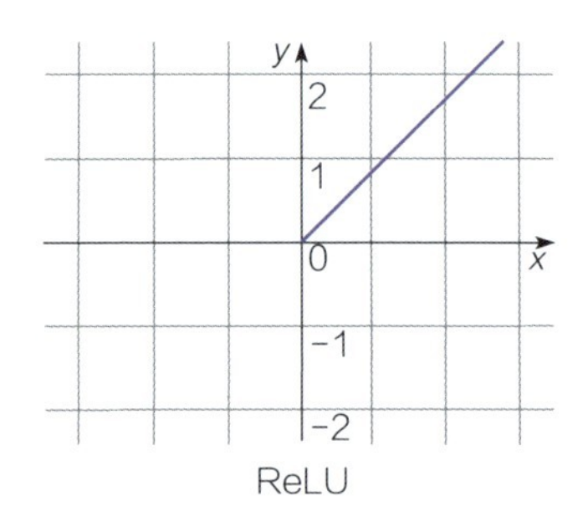

ReLU

图 4-6 三种激活函数

知识点

激活饱和区： x 过大或过小时，激活函数的导数接近于 0。

梯度消失： 导数接近于 0，此时会造成参数更新幅度缓慢，甚至不更新。

梯度爆炸： 导数大于 1 或非常大，此时会造成损失函数值溢出，无法训练。

那么损失函数的作用是什么呢？损失函数是用来衡量模型预测值和真实值之间距离的一种函数。一般情况下，损失函数计算得到的值越大，说明预测的结果和真实值的差异越大。针对不同类型的问题，应用的损失函数也不尽相同。比如，在做回归任务（预测结果为一个实数值）时，我们一般使用均方误差损失，即真实值与预测值的差平方，训练该回归任务的目标就是使该均方误差损失值（误差值）尽可能小。对于分类任务（预测结果为离散的类型），我们通常使用交叉熵损失函数，该损失函数会使分类输出的标签概率分布尽可能接近真实的概率分布，两种概率分布越接近，损失值越小，因此训练分类任务的目标就是使真实标签分布与预测标签分布最大限度地接近。

知识点

交叉熵损失函数： 衡量两个概率分布之间相似性的函数。

均方误差损失函数： 衡量两个实数值之间的差别（误差）的函数。

概率分布： 随机变量取值的概率规律。

学习深度学习相关的概念之后，接下来将详细地介绍一种经典的神经网络，即全连接神经网络，并使用全连接神经网络帮助姜子牙完成天气预测。

全连接神经网络

上面介绍了神经元的工作机制，即将所有输入到该神经元的值进行加权求和，使用的权重也称为参数，就是模型要学习的“知识”。获得加权求和值之后，得到该神经元的输出，但此时的输出并非该神经元的最终输出，因为其不具备“非线性”，因此我们需要在该神经元的计算结果输出之前，将其激活，将激活值作为神经元的最终输出。

全连接神经网络的结构

通常情况下，神经网络的每一层都会有很多个神经元。这些神经元接收上一层所有神经元的输出作为当前层神经元的输入，每个神经元都对应一部分可以学习的权重参数，将相同的输入以不同的权重组合进行输出，因此可以学习到多种角度的知识。全连接意味着上一层的所有神经元与下一层的所有神经元会进行两两连接。

典型的全连接神经网络的结构如图 4-7 所示，从左至右每一层分别为：输入层、隐藏层 1、隐藏层 2、输出层，下面我们分别介绍每一层的输入、输出及功能。

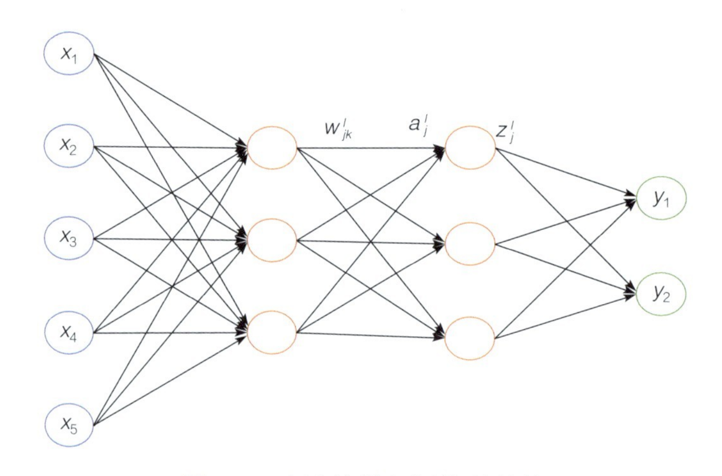

图 4-7　全连接神经网络的结构

1）输入层：输入层即训练数据的特征表示层，这一层的神经元并非真正的神经元，因为其是确定的，所以仅仅作为特征值表示。通常情况下，数据样本拥有多少个特征，该层就拥有多少个神经元，神经元的个数对应输入特征的维度。

2）隐藏层：又称中间层，即位于输入层与输出层之间的层。图 4-7 中包含两个隐藏层，隐藏层用来提取样本的抽象特征（输入层的特征为样本的原始特征），隐藏层的神经元数可以根据需要合理指定。如图 4-7 所示，隐藏层中的任意一个神经元都会接收上一层所有神经元的输出作为自己的输入。隐藏层学习的参数为一个权重矩阵（每一个神经元都会对应一个权重向量），表示上一层

的第 i 个神经元与当前层的第 j 个神经元的连接权重，具体计算过程如下：

$$a^l = f^l(w^l \cdot a^{l-1} + b^l)$$

其中，a 为神经元的值，b 为偏置项，f 为激活函数，l 为层数，w 为权重。隐藏层的计算过程是串行的，每一层神经元输出值的组合构成该层提取到的新的抽象特征，因此，最后一层隐藏层神经元的输出对应样本最终的特征表示。

3）输出层：输出层又称为回归层或者分类器层。当全连接神经网络用来实现一个回归任务时，此时的输出层为回归层，只包含一个神经元，且通常不使用激活函数（激活函数使神经元的输出范围改变）。当全连接神经网络用来实现一个分类任务时，此时的输出层为分类器层，包含的神经元数为分类的类别数，通常会使用 softmax 激活函数将神经元的输出映射为和为 1 的概率分布值，对应该样本被分类为各个类型的概率，取概率最大的类作为预测结果。

反向传播算法

前面三种层从前向后执行对应神经网络的前向传播计算，模型所能学习到的知识都会保存在各个层的参数中。那么，随机初始化的参数值是如何学习并最终变成可靠、有效的参数值的呢？与前向传播计算对应的操作为反向传播计算，模型通过反向传播计算，从后向前一步步更新每一层的参数，最后使其收敛到性能稳定的参数值上。

知识点

前向传播： 特征值经过网络从前向后计算预测结果的过程。

反向传播： 损失值经过网络从后向前计算参数导数并更新参数的过程。

收敛： 参数更新到某些取值上之后，模型的损失函数（或其他指标）不再发生明显波动，这个过程叫作收敛。

反向传播是如何工作的呢？如果学过求导规则，我们就知道函数在某一点的导数对应这一点该函数取值的变化趋势，该点的函数取值加上该点的导数取值，即为下一个点的函数取值。该过程中的导数值也称为梯度。与此过程一致，反向传播过程正是通过计算参数的梯度值，获取参数的变化幅度，然后更新参数值，使参数向着最优的取值递进，这里的函数对应的就是前面提到的损失函数。损失函数正是计算参数梯度的基础。训练模型时的优化目标是使损失函数取到最小值，损失值若想快速达到最低点或者局部最低点，参数最好沿着“最陡峭”的方向下降，这个“最陡峭”的方向就是梯度的方向。因此，利用损失函数，从后向前一步步地计算每一层参数的梯度，获取每一层参数的最大变化量，更新参数，然后对更新后的参数进一步进行前向传播。如此循环迭代，当损失函数值达到一个稳定值后不再下降时，参数就被调整到了最合适的取值（最优解或次优解），训练结束。

天气预测实践

哪吒听姜子牙讲了这么多理论知识，还是不知从何入手，着急地说道：“师叔，您快教教我怎么用神经网络来预测天气吧！”子牙笑道：“好好好，接下来我就使用全连接神经网络来教你进行天气预测，天气预测任务主要是根据今天的天气状况，判断明天是否会下雨（阴天）。”

使用深度学习进行建模一般有以下四个步骤。

1）数据预处理：首先对所要选择的数据集进行预先处理，比如去掉一些存在缺失值的样本或者将样本的所有特征值都转化为数值类型的数据等。

2）模型设计：设计一个模型，用来实现预测功能。

3）模型训练：在已经处理好的数据集上训练模型，并保存模型参数。

4）模型评估：使用已经训练好的模型对没有标签的数据进行预测。

“哪吒，下面我来教你如何使用飞桨深度学习框架来构建全连接神经网络吧！”姜子牙捋了捋胡须说道。

哪吒忙问道：“师叔，飞桨深度学习框架是什么？”

“飞桨（PaddlePaddle）是以百度多年的深度学习技术研究和业务应用为基础，集深度学习核心训练和推理框架、基础模型库、端到端开发套件和丰富的工具组件于一体，是我国首个自主研发、功能丰富、开源开放的产业级深度学习平台。”子牙解释道，“下面我分三个步骤来给你讲讲吧！”

全连接神经网络模型的设计

要使用全连接神经网络实现天气预测任务，由于只预测明天是否为阴天，预测结果只有两种情况，即阴天或晴天（非阴天），因此这是一个二分类问题（数据源参考：https://aistudio.baidu.com/aistudio/datasetdetail/82889）。

我们定义一个全连接神经网络类——MLP类，网络的结构为两层全连接层。输入层为样本的原始特征，本实践的样本包含21个特征，因此，第一层全连接层的输入维度为21，本实践设计隐藏层包含128个神经元，最后一层的全连接层即为输出层（分类器层）。由于是二分类，因此输出层仅包含2个神经元，在forward()函数中进行网络的前向计算，依次执行我们定义的网络结构，使用ReLU激活函数，并使用dropout技术随机失活一部分神经元，以避免模型过分拟合训练集而导致在测试集上效果较差。代码如下：

```
# 定义全连接网络类：MLP
class MLP(paddle.nn.Layer):
    def __init__(self):        # 类的初始化函数，调用该函数可以定义一些基本模块
        super(MLP, self).__init__()
        # 定义两层全连接层
        self.linear0 = paddle.nn.Linear(21, 128)  # 参数：输入维度、输出维度
        self.linear1 = paddle.nn.Linear(128,2)

    # 网络的前向计算函数
    def forward(self, inputs):
        x = self.linear0(inputs)                  # 第一层全连接层计算
        x = paddle.nn.functional.relu(x)          # 使用激活函数进行激活
        # 以概率 0.1 随机失活一部分神经单元，防止过拟合
        x = paddle.nn.functional.dropout(x,0.1)
        x = self.linear1(x)                       # 第二层全连接层计算，输出层
        return x
```

知识点

过拟合： 模型在训练集上表现很好，在测试集上表现较差。

欠拟合： 模型在训练集（与测试集）上表现较差，还未学习完全。

梯度反向传播

定义好模型后，我们就可以训练模型了。首先要实例化一个模型类，即初始化一个模型结构，然后开启训练模式。由于是分类问题，因此我们定义一个交叉熵损失函数和一个 SGD 优化器，指定反向传播过程中使用随机梯度下降的方式进行参数的更新（也可采用其他梯度更新方法，如 Adam 等），然后设置训练轮数，开始训练模型，训练结束后保存模型，以备后用。

在训练过程中，predict=model(x) 命令将样本数据 x 传入模型行，执行 forward() 函数中的命令，也就是前向计算。随后计算预测结果 predict 与真实结果 label 的损失函数值，然后使用 loss.backward() 函数执行梯度反向传播，即参数的梯度更新：

```
model=MLP()                                          # 初始化一个模型结构
model.train()                                        # 开启训练模式
loss_func = paddle.nn.CrossEntropyLoss()             # 分类问题一般使用交叉熵损失函数
# 使用随机梯度下降方式更新参数
opt=paddle.optimizer.SGD(learning_rate=0.0005, parameters=model.parameters())
epochs_num=20 # 在同一数据集上训练的轮数，20 表示在同一个数据集上训练 20 次
for pass_num in range(epochs_num):                   # range(x) 表示生成 [0,x) 区间的整数
    for batch_id,data in enumerate(train_loader()): # enumerate 为列表生成一个索引
        x = data[0].astype('double')
        label = data[1]
        predict=model(x)                             # 数据传入 model
        loss=loss_func(predict,label)                # 计算损失函数值
        acc = np.mean(label==np.argmax(predict,axis=1))  # 计算准确率
        loss.backward()                              # 梯度反向传播过程
        opt.step()                                   # 递进一步，表示训练了一批数据
        opt.clear_grad()                             # 重置梯度，即重置导数值为 0
paddle.save(model.state_dict(),'model.params')       # 保存模型至 model.params 路径
```

网络模型的验证

为判断所训练的模型的好坏，我们需要在模型未见过的数据上进行预测，并且对照正确答案判断训练好的模型的准确率。首先，实例化一个模型类，然后加载训练好的参数，并赋值给新实例化的模型类 MLP。执行 model.eval() 开启验证模式，将验证数据一批一批地输入模型中，计算预测结果，最后计算各批次的平均准确率：

```
# 模型评估
para_state_dict = paddle.load("model.params") # 加载训练好的模型参数
model = MLP()                                 # 初始化一个网络结构
model.set_state_dict(para_state_dict)         # 用训练好的模型参数值初始化新的模型类
model.eval()                                  # 开启验证模式
acces = []
for batch_id,data in enumerate(eval_loader()):        # 加载测试集
    image=data[0]
    label=data[1]
    predict=model(image)                              # 执行前向计算
    acc = np.mean(label==np.argmax(predict,axis=1))   # 计算准确率
    acces.append(acc)
avg_acc = np.mean(acces)                              # 计算平均准确率
print("当前模型在验证集上的准确率为:",avg_acc)
```

至此，我们就介绍完了天气预测的关键代码。在使用神经网络建模的过程中，前向计算与反向传播是模型学习的必要过程，缺一不可。

家庭作业

设计一个多层全连接神经网络，实现波士顿房价预测。

扫描封底二维码，下载数据集，结合家庭作业参考答案，即可完成实践。

落魂法阵失心魂，机器视觉扭乾坤

在姬发的治理与姜子牙的辅佐下，西岐日渐繁荣昌盛，人民安居乐业，一片祥和安乐。反观殷商，纣王残暴无道、妲己祸乱朝纲，商朝镇国武成王黄飞虎及各路诸侯尽数离去，昔日大国已是风雨飘摇、岌岌可危。商朝托孤元老闻仲太师为这四面楚歌之境日日忧心，为保商朝基业，决定先发制人，主动请缨领兵伐周。然而，岐山之败仍历历在目，为克敌制胜，闻仲专程前往截教请金鳌岛姚宾天君相助。

姚宾披发仗剑，脚踏罡斗，设下落魂阵，收走了子牙的二魂六魄。子牙丢了魂魄，如醉梦般日日酣睡，这吓坏了周军将士。许是感应到了生死危机，子牙剩下的一魂一魄飘飘荡荡来到了昆仑山。在元始天尊的指导下，子牙和杨戬一起，前往截教法器库碧游宫盗取“混元凝神石”(见图 5-1)。

杨戬带着子牙的魂魄来到了截教法器库，库里陈列着很多流光溢彩、玲珑剔透的宝石，一个个翻看难免会惊动截教众人，到时候救不了子牙不说，就连杨戬恐也在劫难逃。就在子牙一筹莫展之际，杨戬想起自己学过的计算机视觉，便使用它来对宝石进行分类，很快找出了混元凝神石。杨戬把此石带回西岐，成功地救回了子牙。子牙缓缓睁开眼睛，对杨戬道：“杨戬，子牙在此谢过你的救命之恩!”“师叔言重了！杨戬只是做了应尽之事。”杨戬扶起师叔道。子牙接着问道：“不过，你识别宝石用的是何方法？我怎从未见过？”杨戬笑了笑说道：“师叔，此乃计算机视觉，您听我细细道来。”

图 5-1　杨戬夜探碧游宫

计算机眼中的世界

计算机视觉（Computer Vision），顾名思义是一门“教”会计算机如何“看”世界的学科，以便通过计算机去处理和理解人类可以“看”到的数据，如照片、视频等。在计算机视觉领域，目前主要的任务有图像分类、目标检测、图像分割、视频分类等。

图像分类是计算机视觉任务中最经典、最基础也是最核心的任务，是指通过计算机对图像进行一系列运算处理后区分图像的类别。如图 5-2 所示，图像分类就是理解图像中的内容，将每张图像划分为飞机、鸟、猫、狗等类别。经过几十年的研究，图像分类已经取得了很大的进步，研究的问题已逐渐从简单的物体分类过渡到复杂的大规模、细粒度或者多目标分类问题。在这一过程中也衍生出许多有价值的应用，并已经广泛应用于生产、生活的各个方面。

图 5-2　图像分类任务

计算机眼中的图像

在我们眼中，图像是丰富多彩的，而在计算机中，图像则是以数值的形式存储的。如图 5-3 所示，在电脑中用鼠标右键点击图像，通过查看“属性”选项可以获得与图像相关的参数。

图 5-3　图像的属性

其中，图像分辨率 640×437 指的是图像从左至右有 640 个像素、从上至下有 437 个像素。那么像素又是什么呢？如图 5-4 所示，当我们把图像放大到一定程度，会发现图像是由一个个大小相同的正方形格子组成的，每个格子的颜色不尽相同。其中每个带有颜色的正方形格子就是我们所说的像素。而我们平时在计算机中看到的图像就是由一个一个的像素组成的。

图 5-4 放大后的彩色图像

那么，这些像素在计算机中又是如何存储和表示的呢？计算中比较常见的图像有两类，分别是彩色图像和灰度图像。灰度图像不同于我们常说的黑白图像，它由不同明暗程度的黑白像素组成。如图 5-5 所示，在计算机中，这些明暗的变化用 0 ～ 255 之间的数字来记录。其中 0 表示最暗的黑色，随着数值的增大，像素也变得更加明亮，255 表示最亮的白色。

0	3	2	5	4	7	6	9	8
3	0	1	2	3	4	5	6	7
2	1	0	3	2	5	4	7	6
5	2	3	0	1	3	3	4	5
4	3	2	1	0	3	2	5	4
7	4	5	2	3	0	1	2	3
6	5	4	3	2	1	0	3	2
0	6	7	4	5	2	3	0	1
8	7	6	5	4	3	2	1	0

图 5-5 计算机眼中的灰度图像

对于彩色图像，每个像素由原来用一个值来表示变成了用 3 个值来表示，这三个取值为 0 ～ 255 的值分别代表红（R）、绿（G）、蓝（B）三种基本颜色上的明暗程度。通过这三种颜色的组合就可以得到我们看到的彩色像素，继而得到彩色的图像。这也是我们把彩色的图像叫作 RBG 图像的原因。

计算机如何理解图像

前面说过，在计算机眼里，图像被划分成许多带有数字的网格，每个网格上的数字代表图像上对应位置的明暗程度（其中，黑白图像每个网格只有一个值，而彩色图像每个网格有三个值，分别代表红、绿、蓝三种颜色的亮度）。那么计算机如何通过这些数字来理解图像呢？在深度学习广泛应用于计算机视觉之前，计算机理解图像的方法统称为传统图像识别技术。传统图像识别技术泛指通过从图像中提取一些人工设计的特征，再通过这些特征来识别图像。因此，在传统图像识别技术中，最重要的就是人工特征，其中最具代表性的是全局特征和局部特征。

全局特征指的是图像的整体属性，简单地说就是从整个图像的角度来描述图像，根据图像的所有像素通过计算得到的底层特征。因此，全局特征具有计算简单、表示直观等特点，但计算量大是其致命弱点。此外，全局特征描述不适用于图像混叠和有遮挡的情况。常见的全局特征包括颜色特征、纹理特征和形状特征等。图 5-6 展示的是分别从颜色、纹理、形状来提取图像的全局特征。

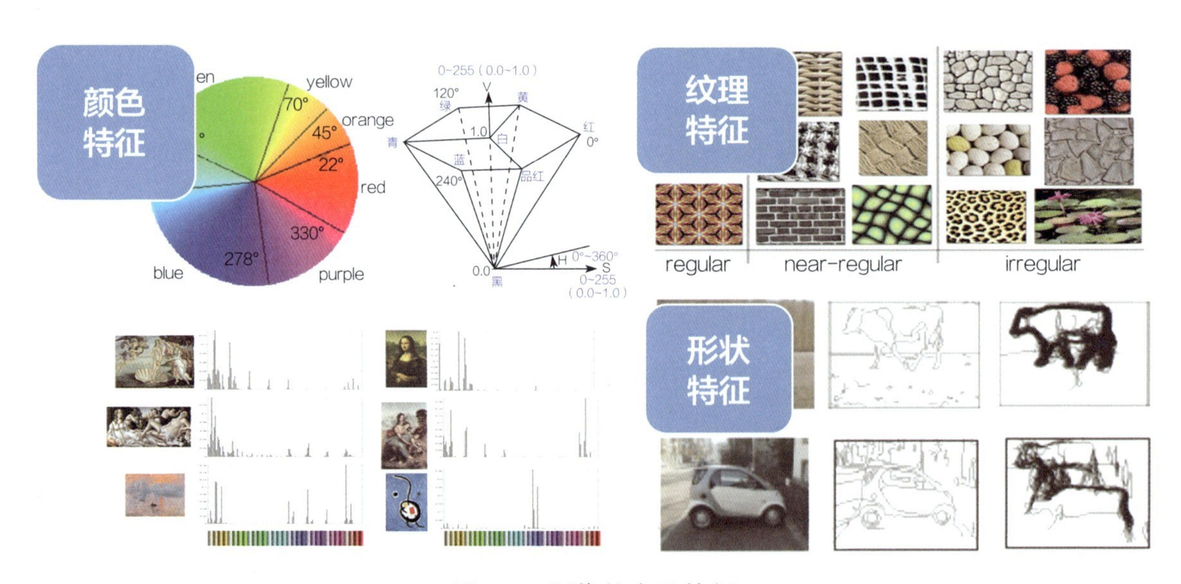

图 5-6　图像的全局特征

如图 5-7 所示，颜色特征是分别在不同的通道（灰度图像只有一个通道，彩色图像有红、绿、蓝三个通道）上统计整幅图像中不同亮度出现的次数，由此构建的颜色特征直方图，高的部分代表对应亮度出现得多。纹理特征就好比我们平时看到的具有一定重复规则的纹路，但是在计算机的眼里，关注的纹理要更细微一些。形状特征往往关注的是图像中存在的轮廓、边缘，因为在物体的边缘区域一般会有较为明显的颜色和纹理变化。

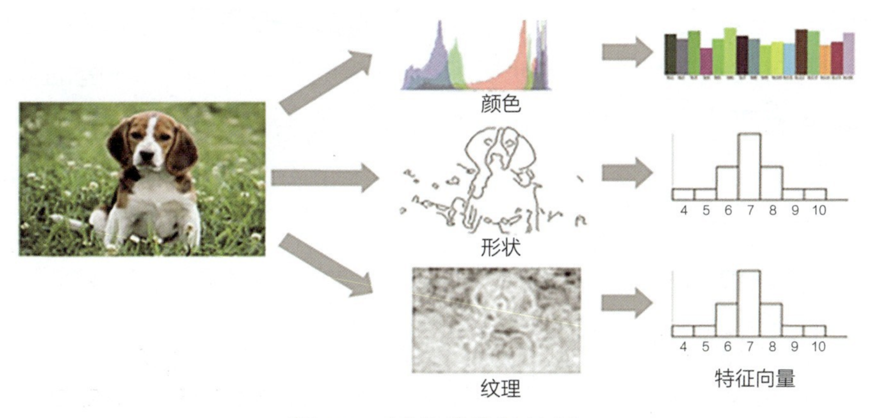

图 5-7　图像的统计特征

顾名思义，局部特征关注的不再是整幅图像的特征，而是从图像的局部区域中抽取的特征，包括边缘、角点、线、曲线和特别属性的区域等。如图 5-8 所示，局部特征会分别在左、右图像中寻找边缘、拐角点、直线等特征，然后相互匹配来确定两幅图像中是否有相同的内容。与全局特征相比，局部特征有更好的不变性和可区分性。

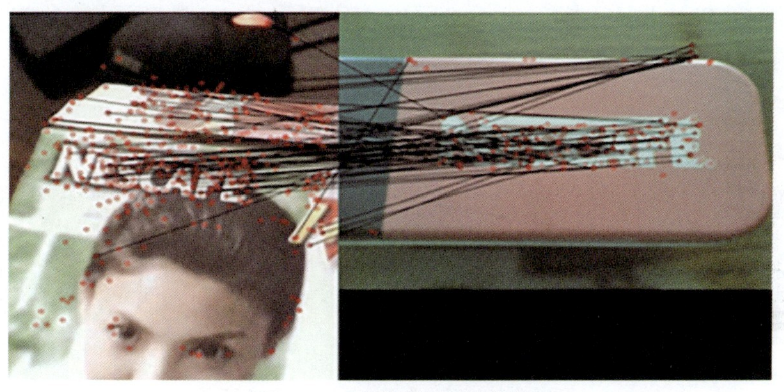

图 5-8　图像的局部特征

计算机识别图像的难点

通过上面的学习，我们知道了计算机可以通过全局特征、局部特征提取图像中的信息。但是，聪明的你有没有发现，不管是全局特征还是局部特征，都只是把图像中的信息总结提炼出来，只能提取图像中颜色、纹理、形状、角点、线等简单特征。但这些信息无法让我们知道图像中有什么（猫、狗、人、车等）、图像表达了什么含义，这就是语义鸿沟——图像的底层视觉特性和高层语义概念之间的鸿沟。如图 5-9 所示，因为光照、视角、环境的变化，对于描述相同内容的图片，其全局特征和局部特征都会发生巨大的改变，继而导致分类方法失效，但对于人类而言，这些变化丝毫不会影响对图像的判断。

图 5-9　相同语义，不同特征

如图 5-10 所示，每对图像的全局特征和局部特征都极其相似，计算机甚至可以将它们理解为同一类图像。但是，很明显它们是不同的！这就是计算机底层视觉和人类理解之间的鸿沟。

图 5-10　不同语义，相同特征

深度学习下的计算机视觉

手工选取特征是一件非常费力和需要专业知识（启发式）的方法，特征的选取在很大程度上靠经验和运气，而且特征的选择和调整往往需要大量的时间。随着神经网络应用于计算机视觉，计算机对图像的理解有了质的飞跃，从原来的手工选取特征变成通过神经网络学习特征。

我们先回顾一下人类是如何理解图像的。如图 5-11 所示，人类的眼睛通过物体对光线的反射摄入原始信号（瞳孔摄入像素）→初步处理（大脑皮层的某些细胞发现边缘和方向）→提取中层信息（对之前的视觉信息进一步组合和抽象，判定眼前物体的形状、部分区域特性等）→高层语义抽象（大脑进一步判定该物体）。

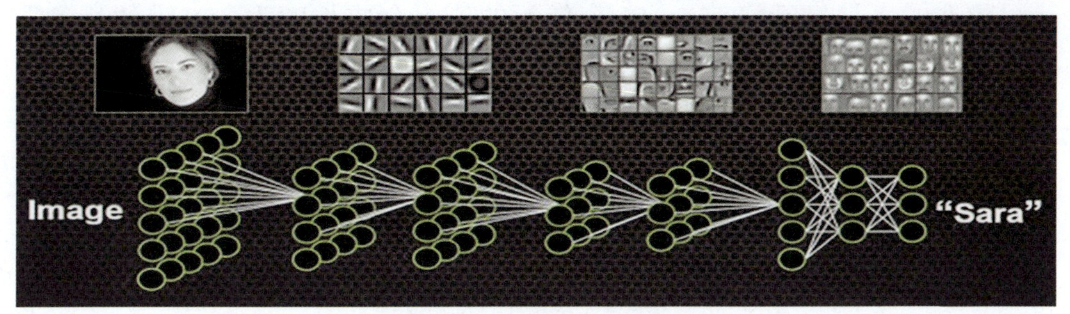

图 5-11　深度学习下的图像

我们再看一下计算机是如何通过神经网络来理解图像的。神经网络在处理图像的过程中，是从原始信号到低级抽象再向高级抽象迭代的。如图 5-12 所示，输入神经网络的图像就好比我们的眼睛看到事物后形成的成像。处理图像的神经网络往往不会由一两层组成，而是由许多层组合而成，浅层的网络会像人提取初级视觉信息一样提取图像中的边缘、纹理等信息。随后，更深层的网络会将初级视觉信息进一步抽象成物体的更高级视觉信息（人的耳、口、鼻、眼睛等部位的特征）。最终，通过最深层的网络基于之前的视觉信息判别人脸。

多层感知机实现图像分类

接下来，我们学习如何用前面的多层感知机（Multilayer Perceptron）实现图像分类。首先看一下使用多层感知机进行图像分类与之前使用数值数据有何不同。我们使用神经网络进行手写数字识别。前面讲过，图像在计算机中是通过一个个带有数字的网格组合而成的。如图 5-12 所示，输入图像由 16×16（共 256）个网格组成，每个网格上分别用 0、1 代表黑、白。

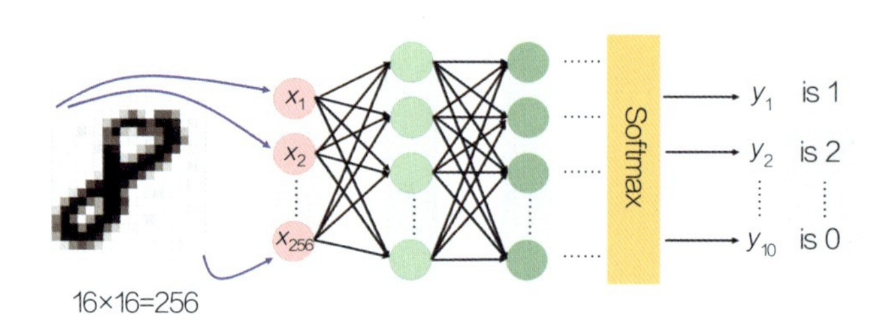

图 5-12　多层感知机模型

图像在输入神经网络前，256 个像素的值组合成长度为 256 维的长条形的向量，这些向量输入网络后，经过网络的预测输出图片是 1，2，…，9，0 的概率。接下来，我们通过具体的过程：

对于输入的 16×16 的图像，将图像中像素的值一列一列地连接起来，转换成一个长度为 256 的一维向量（256 个带有数字的网格排成一列）。

256 个网格分别作为神经网络中第一层的每一个神经元的输入。也就是说，如果将这 256 个网格作为输入节点的话，如图 5-12 所示，则每一个输入节点都将与网络第一层中所有的神经元相连接。

第一层中所有的神经元经过运算后，将输出的结果作为下一层中所有的神经元的输入，也就是说，第一层的神经元将与第二层中所有的神经元连接。

神经网络中的每一层都将重复这样的操作，最后一层是用于输出属于每个类概率的分类层。网络会根据损失来判断网络预测和真实标注的差距，并根据损失指导（反向传播）训练网络。

知识点

向量： 数学中，向量指的是既有大小又有方向的量，在这里主要指一维的长条形数值结构，比如 [1,2,3,4,3,2,1,2,31,1,2,3,1]。

卷积神经网络实现图像分类

在使用深度神经网络（Deep Neural Network，DNN）进行图像分类的时候，你有没有发现一些问题呢？在上面的任务中，我们设计了一个 DNN 对 16×16 的图片进行手写数字的分类，如果输入变成 100×100 的彩色图像或是要完成更复杂的分类任务，DNN 就有些力不从心了。

首先，对于更复杂的分类任务，DNN 只有通过增加每一层的神经元个数或者增加网络的层数来完成。通过这种方式可以增加神经网络的复杂程度，但会导致网络容易过拟合（指在训练的数据上效果好，在测试数据上效果很差）；其次，DNN 在处理图像分类时，会导致网络的参数量和计算量巨大。以 16×16 的图片为例，输入层为 256 个神经元，隐藏层的每一层有 1000 个神经元，输出层有 10 个神经元，假设网络共有 5 层，则共需要学习（$256\times10^3+10^6+10^6+10^4$）个 w 再加（1000+1000+1000+10）个 b。然而，我们现在接触的图像大多是彩色的，图像分辨率是 16×16 的数十倍、数百倍。同时，为了处理更复杂的问题，网络的层数也达到了数十层甚至上百层。可想而知，需要学习的参数量和计算量也是成倍增长的。

接下来，我们要一起学习在图像领域大放异彩的网络——卷积神经网络（Convolutional Neural Network，CNN）。卷积神经网络是一种特殊的神经网络结构，由于网络中有卷积（convolution）的存在，它因此而得名。除此之外，在卷积神经网络中，经常有池化（pooling）、全连接（fully connected）等结构。

首先看一下卷积神经网络的结构。图 5-13 展示了一个用于图像分类的简单卷积神经网络。

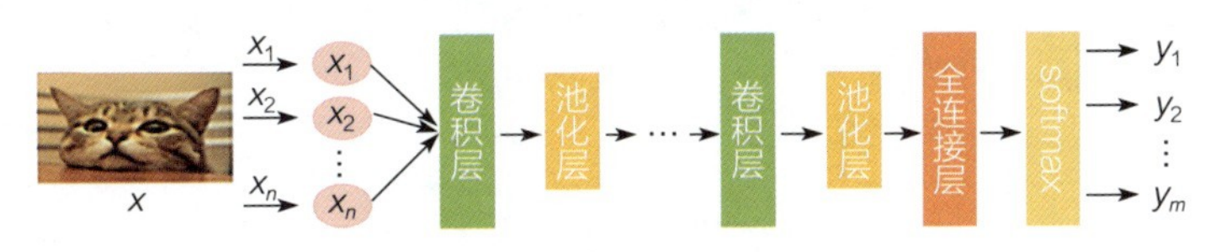

图 5-13　卷积神经网络

输入的图像会先后经过卷积层、池化层、卷积层、池化层这样的网络结构，并将最后的结果送入全连接层，经过一次 softmax 之后便得到了我们希望得到的分类结果。这里出现了许多新的名词，如卷积层、池化层、全连接层、softmax。不要害怕，接下来我们将分别学习卷积神经网络中的每个结构。

1. 卷积层

卷积层是卷积神经网络的核心，也是其精华所在。通过卷积层可以解决 DNN 在处理图像时出现的参数过多和模型容易过拟合的问题。

既然要学习卷积神经网络，首先就需要了解什么是卷积。

卷积运算背后虽然有许多著名的定理（这里不对此展开介绍，感兴趣的读者可自行查阅相关资料），但是也离不开计算机的乘积、累加运算。像素点在计算机中都是由数值的形式来展示的，我们通常使用向量来对其进行处理。所以这里涉及的内容就是向量之间的计算。

如图 5-14 所示，有两个大小为 2×2 的矩阵，矩阵中的每一个点都有其代表的向量值，如果对这两组矩阵做卷积运算，得到的结果就是 70。这个数据是怎么得来的呢？矩阵中的每一个值都有对应的位置，假设第一个矩阵中向量 3 所在的位置为（1，2），那么第二个矩阵中位于（1，2）处的就是向量 7，以此类推。我们只需要简单地把矩阵中不同位置对应值的乘积进行相加就可以了。

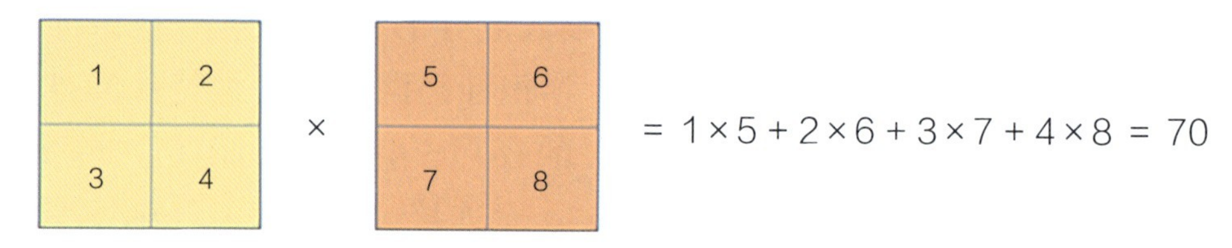

图 5-14　矩阵大小相同的卷积运算

当矩阵大小不同时就会出现逐步运算的情况。如图 5-15 所示，矩阵的大小不同时会出现不一样的结果，遵循之前提到的一一对应的原则，第一步先进行计算并得到结果。

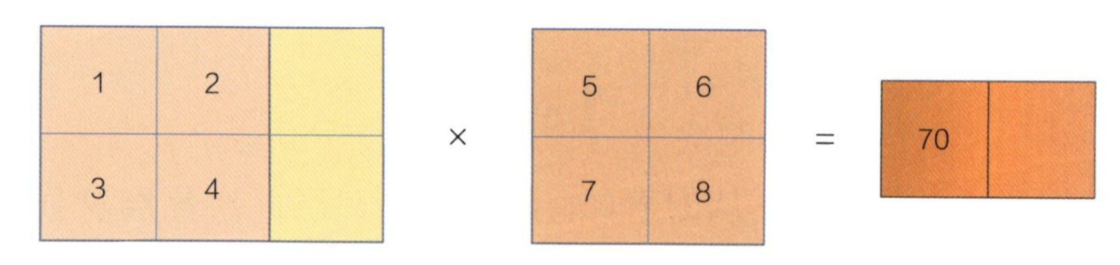

图 5-15　矩阵大小不同的卷积运算

接着计算剩下的部分，如图 5-16 所示。这样就得到了一个新的经过缩放的结果。

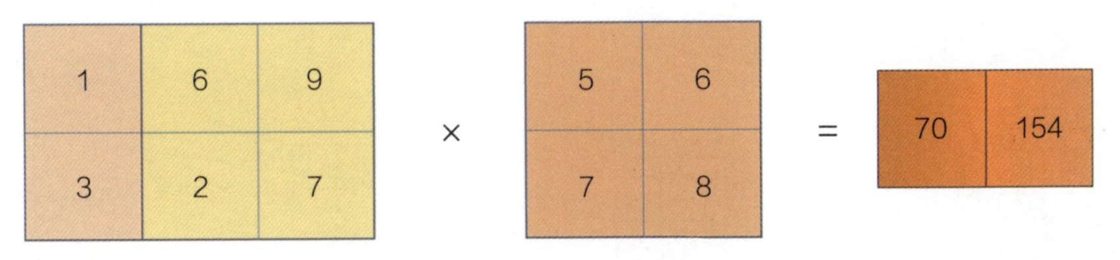

图 5-16　矩阵的缩放

如果是更高维的矩阵呢？如图 5-17 所示，按上述步骤计算，3 × 3 和 2 × 2 的矩阵经过计算后得到一个 2 × 2 的矩阵。

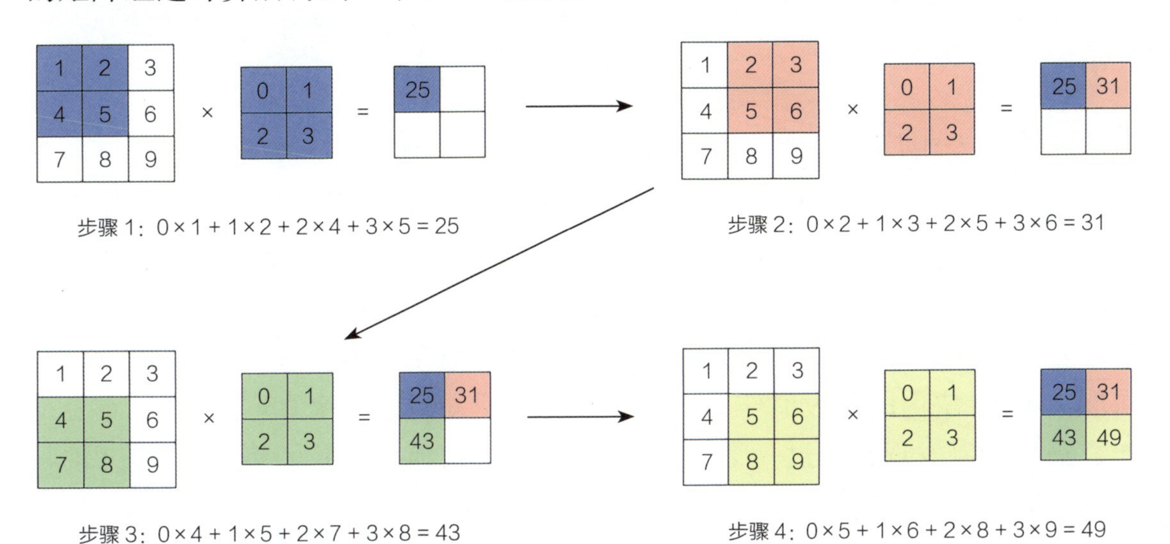

图 5-17　高维矩阵的计算

让我们回顾一下计算过程。首先进行配对，然后对位进行计算，接着进行滑动，不断重复上述步骤就可以得到一个完整的结果。这个过程就是卷积运算。

我们刚刚学习的都是处理单通道输入的图像（即灰度图像，每个像素位置只有一个值）的方法，那么对于输入为 3 个通道的图像和更多通道的特征图，如何实现卷积运算呢？如图 5-18 所示，在这种情况下，卷积核不再是一个平面的正方形，而是由多个正方形组成的一个立体的小方块，输入的图像有多少层，卷积核就有多少层。卷积运算从原来的 4 个参数对位相乘再相加变成了 3 层中 12 个参数的对位相乘再相加。最终通过滑动的方式得到卷积核输出的特征图。

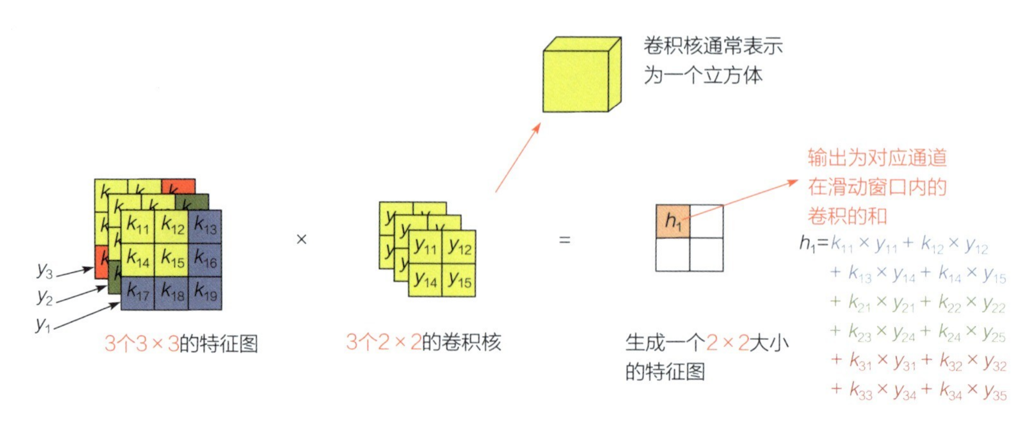

图 5-18　多通道的卷积运算

2. 池化层

学习完卷积层，我们再来学习卷积神经网络中另一个重要的结构：池化层。与卷积层相比，池化层的操作要简单得多。池化层没有参数，池化小方块以滑动的方式对特征图中方块内的数值进行某种固定操作，继而得到一个值，最终起到降低特征图分辨率、提取更有效特征、减少网络参数量的作用。常见的池化有最大值池化和平均值池化。以最大值池化为例，如图 5-19 所示，每次取 2×2 方块内的最大值作为输出，取完后滑动到下一个 2×2 的区域重复操作，最后可以发现，经过一个 2×2 大小的最大值池化，我们将一个 4×4 的特征图变成了 2×2 的特征图。

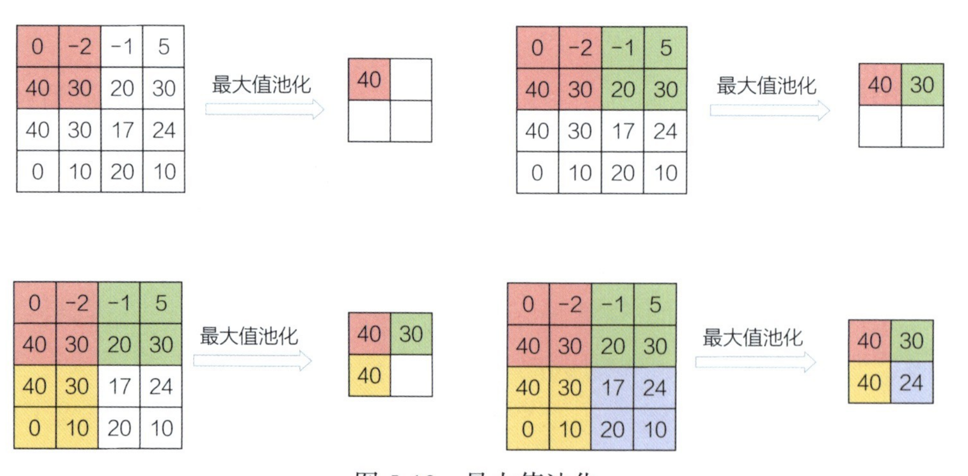

图 5-19　最大值池化

3. 全连接层和 softmax

我们最后学习卷积神经网络中常见的全连接层和 softmax 函数。全连接层的意思就是这一层的每一个神经元节点都与之前的节点相互连接，这其实就是前面学习的 DNN。在卷积神经网络中，卷积层和池化层最主要的功能是提取具有区分度和辨识力的特征。经过一系列的卷积层和池化层后，往往会得到一个分辨率远小于原始图像的特征，这时我们就需要使用全连接层进行最后的分类。一般情况下，要区分几类，全连接层就会有几个神经元节点，每个神经元节点的输出代表输入图像属于这一类的概率。

网络经过复杂的计算，最后代表每个类别的神经元输出的值可能各不相同，比如猫狗分类，对于一张图像，可能代表猫的神经元节点输出了 210，代表狗的神经元节点输出了 5，而我们的标注往往是非零即一（是或否），这样既不利于观察，也不利于网络学习。这时我们就需要使用 softmax 将每个神经元的输出统一到一个尺度，让每个输出都在 0 到 1 之间且所有神经元的输出的和为 1 。

宝石分类实践

如图 5-20 所示，我们采集到了许多不同种类的宝石，接下来通过 CNN 和 DNN 来实现自动分辨这些宝石。

图 5-20　各种宝石的图片

首先，需要定义一个数据读取（Reader）类，用于在训练网络的过程中加载数据，定义的 Reader 类要继承 paddle.io.Dataset 类。

Init 函数在声明 Reader 类实例的时候会被执行，主要用于初始化一些参数或准备后面需要调用的内容。通过选择训练或者测试模式来生成存储所有图片路径和对应标注的列表。

```
class Reader(Dataset):
    def __init__(self, data_path, mode='train'):
        # 数据读取
        # data_path: 数据集所在的路径
        # mode: 选择用于训练还是测试
        super().__init__()
        self.data_path = data_path
        self.img_paths = []
        self.labels = []
```

在训练或测试时会通过 getitem 函数来读取图片和对应标注。需要注意的是，大多数情况下，我们要以 RGB 的形式读取图像，还需要调整图像的维度，使图像变成（通道、长、宽）形式的排列。为了方便网络训练，还需要将图像进行归一化（除以 255）。由于网络中有全连接层，因此需要统一输入网络的图像尺寸，通过 resize 函数可将图像大小统一为 224 × 224。

```
def __getitem__(self, index):
    # 获取一组数据
    # index: 文件索引号
    # 第一步：打开图像文件并获取 label 值
    img_path = self.img_paths[index]
    img = Image.open(img_path)                     # 将图像加载进来
    if img.mode != 'RGB':                          # 如果加载的图像不是 RGB 格式
        img = img.convert('RGB')                   # 将它转换成 RGB 格式
    img = img.resize((224, 224), Image.BILINEAR)  # 将图像的分辨率转换成 224×224
    img = np.array(img).astype('float32')          # 将图像转换成数组的形式
    img = img.transpose((2, 0, 1)) / 255           # 交换图像的维度，并除以 255 实现归一
                                                     化（因为图像的亮度处于 0 ~ 255 之间，
                                                     除以 255 可以转换成 0 ~ 1 之间）
    label = self.labels[index]                     # 获取图像对应的标签
    label = np.array([label], dtype="int64")
    return img, label                              # 返回图像和标签
```

接下来，通过构建 MyCNN 类搭建 CNN 网络结构，主要分为 init 和 forward 两个部分。在 init 函数中，通过调用 paddle.nn.Conv2D 实现每一层卷积层的搭建，需要输入的参数通常有 4 个：in_channels 表示输入特征的通道数；out_channels 表示输出特征的通道数；kernel_size 表示使用的卷积核的大小；stride 表示每次移动的步长。通过 paddle.nn.MaxPool2D 实现最大值池化，kernel_ size=2、stride=2 分别表示池化窗口的大小和每次移动的步长。

```
class MyCNN(nn.Layer):
    def __init__(self):
        super(MyCNN,self).__init__()
        self.conv0 = nn.Conv2D(in_channels= 3,out_channels=64, kernel_size=3,
            stride=1)   # 面向图像的卷积层，输入为图像(RGB 三通道)，使用 64 个 3×3 的卷积
                          核，每次移动一个格子
        self.pool0 = nn.MaxPool2D(kernel_size=2,stride=2)
            # 2×2 大小的最大池化层，每次移动 2 个格子，作用于 conv0 层输出的特征图
        self.conv1 = nn.Conv2D(in_channels = 64,out_channels=128,kernel_size=4,
            stride = 1) # 以上一个池化层的输出为输入(64 个通道)，使用 128 个 4×4 的特征
                          图，每次移动一个格子
        self.pool1 = nn.MaxPool2D(kernel_size=2,stride=2)
            # 2×2 大小的最大池化层，每次移动 2 个格子，作用于 conv1 的输出
        self.conv2 = nn.Conv2D(in_channels= 128,out_channels=50,kernel_size=5)
            # 以上一个池化层的输出为输入(128 个通道)，使用 50 个 5×5 的特征图，每次移动一个格子
        self.pool2 = nn.MaxPool2D(kernel_size=2,stride=2)
            # 2×2 大小的最大池化层，每次移动 2 个格子，作用于 conv2 的输出
        self.fc1 = nn.Linear(in_features=50*25*25,out_features=25)
            # 最后用于分类的全连接层，输入为前面的特征拉成长条的向量，有多少个类就输出多少个值
```

forword 函数决定数据流入网络各层的顺序，也就是网络各层的先后顺序，如下面的代码所示，输入数据后，依次进入 conv0、pool0、conv1、pool1、conv2、pool2，然后通过 paddle.nn.reshape 改变特征的维度，之后如果数据进入全连接层则进行分类。

```
# 定义卷积神经网络，实现宝石识别
    def forward(self,input):
        x = self.conv0(input)
        x = self.pool0(x)
        x = self.conv1(x)
        x = self.pool1(x)
        x = self.conv2(x)
        x = self.pool2(x)
        x = paddle.reshape(x,shape=[-1,50*25*25])
        y = self.fc1(x)
        return y
```

接下来是模型训练部分。

首先要实例化训练过程中需要的各种实例，通过调用 MyCNN 实例化模型，并通过 train 函数开始训练模式。之后使用 paddle.optimizer.SGD 来定义优化器，其中需要输入优化器的学习率和需要优化的参数。

```
model=MyCNN()                                    # 模型实例化
model.train()                                    # 训练模式
cross_entropy = paddle.nn.CrossEntropyLoss()     # 类似于距离度量，用来描述网络预测的类别
                                                   和真实类别之间的差异
opt=paddle.optimizer.SGD(learning_rate=train_parameters['learning_strategy']
    ['lr'],parameters=model.parameters())
```

之后通过循环访问前面定义的数据读取器进行每一轮的训练。每次将读取的图像数据输入网络，得到网络的输出，并使用交叉熵损失函数计算输出和真实标注之间的损失。通过 loss.backward() 和 opt.step() 进行反向传播并优化参数，在每轮训练结束后通过 opt.clear_grad() 清空梯度。

```
epochs_num=train_parameters['num_epochs'] # 全部的数据要用几次
for pass_num in range(train_parameters['num_epochs']): # 通过循环控制全部数据的使用次数
    for batch_id,data in enumerate(train_loader()): # 再通过循环来实现每一个数据的训练
        image = data[0]
        label = data[1]
        predict=model(image)                  # 把读入的图像送到卷积神经网络
        loss=cross_entropy(predict,label)     # 计算预测结果和真实标注之间的差距
        loss.backward()                       # 通过预测结果和真实标注之间的差距指导模型训练
        opt.step()                            # 学习
        opt.clear_grad()                      # 为下一次学习做准备
paddle.save(model.state_dict(),'MyCNN')       # 保存模型
```

在训练过程中，可以看到输入每迭代 5 次，就会输出一次当前的训练损失和训练精度，如图 5-21 所示。为了更加直观地观察训练的状态，我们通常将训练过程精度和损失的变化描绘成如图 5-22 所示的曲线。可以看到，精度局部震荡，但整体呈上升趋势；损失局部震荡，但整体呈下降趋势。

```
epoch:0, step:5, train_loss:[6.041278], train_acc:[0.0625]
epoch:0, step:10, train_loss:[3.3399582], train_acc:[0.0625]
epoch:0, step:15, train_loss:[3.1887994], train_acc:[0.1875]
epoch:0, step:20, train_loss:[3.356161], train_acc:[0.125]
epoch:0, step:25, train_loss:[2.8563871], train_acc:[0.25]
epoch:0, step:30, train_loss:[2.395976], train_acc:[0.25]
epoch:0, step:35, train_loss:[2.8084445], train_acc:[0.0625]
epoch:0, step:40, train_loss:[2.5894547], train_acc:[0.1875]
epoch:0, step:45, train_loss:[2.6204882], train_acc:[0.4]
epoch:1, step:5, train_loss:[2.205645], train_acc:[0.3125]
epoch:1, step:10, train_loss:[2.2380571], train_acc:[0.3125]
epoch:1, step:15, train_loss:[2.3266907], train_acc:[0.25]
epoch:1, step:20, train_loss:[2.6496174], train_acc:[0.25]
epoch:1, step:25, train_loss:[2.124874], train_acc:[0.375]
epoch:1, step:30, train_loss:[2.0304651], train_acc:[0.3125]
epoch:1, step:35, train_loss:[2.012401], train_acc:[0.375]
```

图 5-21　训练过程输出

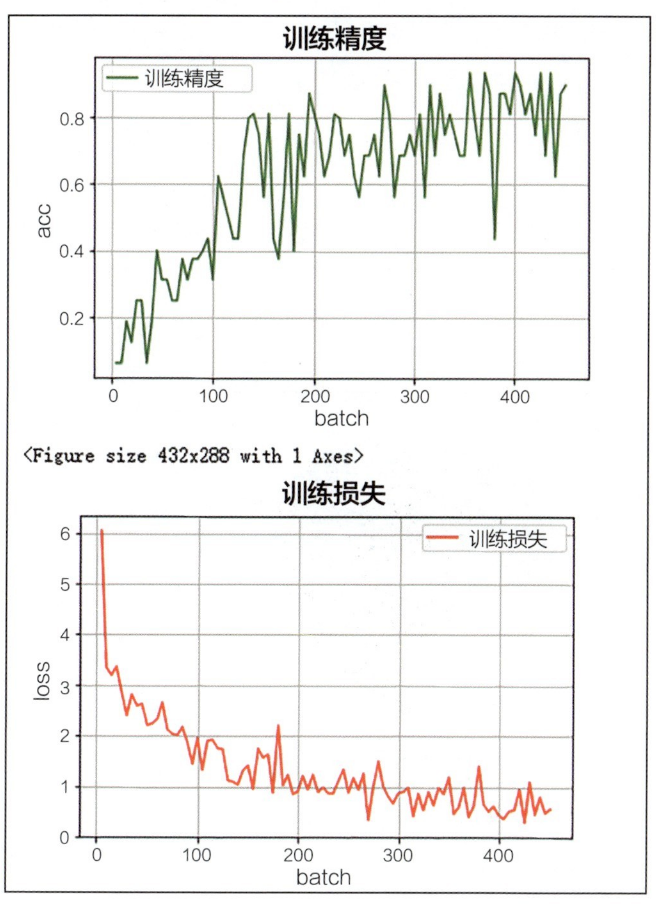

图 5-22　训练过程中精度和损失变化曲线

最后是模型评估部分。

通过 paddle.load 加载之前训练好的参数，并使用 model.set_state_dict 将参数导入模型，之后通过 model.eval() 开启验证模式。

```
para_state_dict = paddle.load("MyCNN")              # 把训练好的模型参数加载进来
model = MyCNN()                                     # 模型结构还是要的
model.set_state_dict(para_state_dict)               # 把模型参数加载到模型中
model.eval()                                        # 开启验证模式
accs = []
for batch_id,data in enumerate(eval_loader()):      # 通过循环加载测试集中的每幅图像
    image=data[0]
    label=data[1]
    predict=model(image)                            # 把图像送到模型中
    acc=paddle.metric.accuracy(predict,label)       # 计算模型预测结果
```

```
    accs.append(acc.numpy()[0])
    avg_acc = np.mean(accs)                          # 计算模型在验证集上的准确率
print("当前模型在验证集上的准确率为:",avg_acc)
```

验证的精度输出和测试的结果如图 5-23 和图 5-24 所示。

```
当前模型在验证集上的准确率为: 0.6931818
```

图 5-23　验证输出

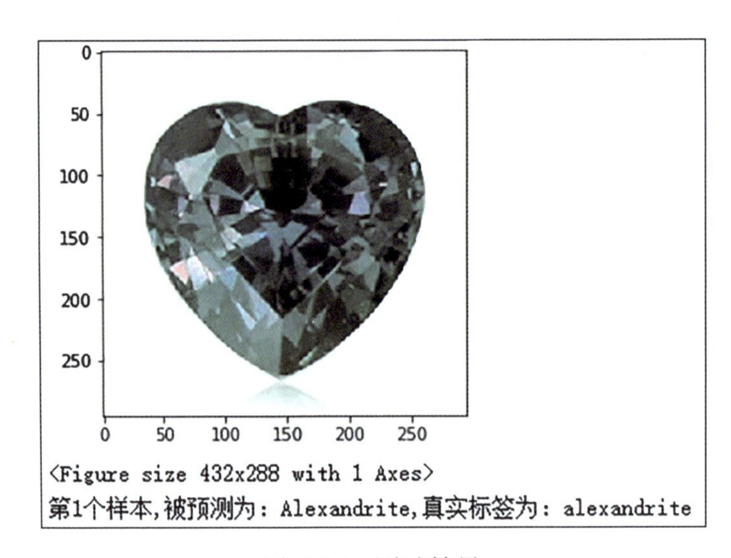

图 5-24　测试结果

预测结果为“Alexandrite”变石，与实际结果一致。

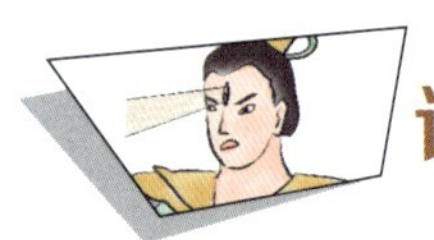

计算机视觉的前沿技术

锁定图像中的目标

目标检测是计算机视觉中基本且具有挑战性的问题，几十年来一直是一个活跃的研究领域。目标检测的任务是确定在给定图像中是否存在某些给定类别（例如人、汽车、自行车、狗、猫等）的对象实例。如果存在，则返回每个对象实例的空间位置和范围。如图 5-25 所示，我们之前学过的图像分类是将整个图像划分成一个类别，通过图像分类可以知道图像中存在一只猫，但是并不能确定它的位置。而目标检测则要求不仅知道图像中存在猫、狗、鸭，还要知道猫、狗、鸭的位置。在目标检测中，目标的位置主要是通过一个矩形框来包裹目标来体现的。我们通过前面的学习可知，图像在计算机中是通过一个个带有数字的网格表示的，而且目标检测的任务就是返回图像中每个的所属目标种类（猫、狗等）和包裹这个目标的矩形框的网格位置（一般通过矩形框的中心点位置和矩形框的长度，或者通过矩形框的右上角和左下角位置来表示）。

图 5-25　猫狗检测

目标检测作为图像理解和计算机视觉的基石，有助于解决更复杂、更高级别视觉任务（如分割、场景理解、目标跟踪、图像理解、事件检测和动作识别等）。目标检测在人工智能和信息技术的许多领域有广泛的应用，包括机器人视觉、电子消费、信息安全、自动驾驶、人机交互、基于内容的图像检索、智能视频监控和增强现实等。

口罩检测实践

防控疫情，众志成城。人工智能技术已被应用于疫情防控中。控制传染源、切断传播途径和保护易感人群是战胜疫情的三个有效手段。其中，对于切断传播途径，佩戴口罩已经成为重要的举措之一。但是在实际生活中，仍然有人因为存在侥幸心理而不戴口罩，尤其是在公共场合不戴口罩，给个人和公众造成了极大的隐患。针对这种情况，我们可以通过 PaddleHub 快速实现口罩检测。

PaddleHub 是飞桨预训练模型管理和迁移学习工具。通过 PaddleHub，我们可以快速、高效地使用高质量的预训练模型，并结合 Fine-tune API 快速完成许多任务。PaddleHub 让我们仅用数十行代码就能使用深度学习模型解决复杂的问题。

当前，PaddleHub 可以支持文本、图像和视频三大领域的工作，为用户准备了大量高质量的预训练模型，可以满足用户在各种应用场景下的任务需求，包括但不限于词法分析、情感分析、图像分类、目标检测、视频分类等。具体可参见：https://www.paddlepaddle.org.cn/tutorials/projectdetail/1507587。

首先通过 pip 命令安装 PaddleHub：

```
!pip install paddlehub==1.7.1 -i https://pypi.tuna.tsinghua.edu.cn/simple
```

之后，通过 PaddleHub 的模型实现口罩检测，其结果如图 5-26 所示。

```
import cv2
import paddlehub as hub
module = hub.Module(name="pyramidbox_lite_mobile_mask")
import os
imgs = [cv2.imread(test_img_path[0])]
# 口罩检测预测
# 预测结果图片保存在当前运行路径下的 detection_result 文件夹中
results = module.face_detection(images=imgs, use_multi_scale=True, shrink=0.6,
    visualization=True, output_dir='detection_result')
```

图 5-26　口罩检测结果

分割图像中的要素

图像分割是计算机视觉研究中的一个经典问题，也是图像理解领域的热点。图像分割是计算机视觉的基础，是图像理解的重要组成部分，也是图像处理中最有难度的问题之一。可以将图像分割定义为一种特定的图像处理技术，用于将图像分割成两个或多个有意义的区域；也可以将图像分割看作定义图像中不同语义实体之间边界的过程。从技术的角度来看，图像分割是将标签分配给图像中每个像素的过程，使得具有相同标签的像素基于某种视觉或语义特性被连接。如图 5-27 所示，图像分割就是要判别图像中每一个像素所属的类别，如图 5-27a 中所有车所在的区域在图 5-27b 中均由蓝色表示、行人所在的区域由红色表示、建筑物由灰色表示等。

a）

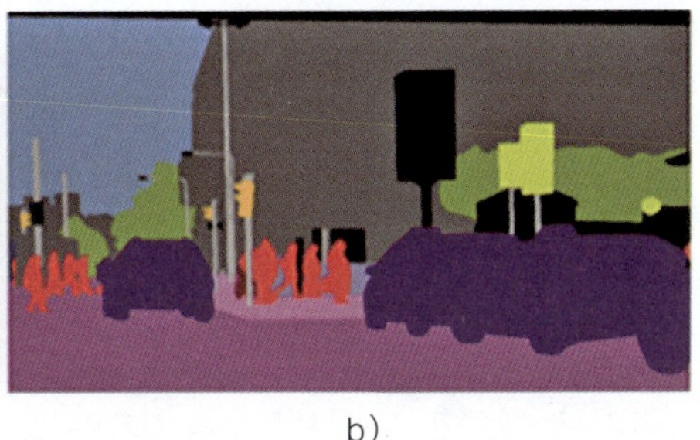

b）

图 5-27　图像分割

也就是说，对于每一张图像，进行图像分割时需要得到一张与输入图像大小相同的图像，该图像中的网格代表与之对应的原图中网格所属的类别。

图像分割包含计算机视觉中的一类精细相关的问题，可以分为语义分割、实例分割和全景分割。其中，最经典的是语义分割。如图 5-28b 所示，在语义分割中，每个像素被分类为一组预定类别中的一个，使属于同一类别的像素属于图像中的唯一语义实体。

实例分割关注的则是图像中存在的目标。如图 5-28c 所示，针对每个目标，实例分割不再像目标检测任务那样通过矩形框来包裹目标，而是将目标所在的每个像素（网格）都识别出来。图 5-28d 所示为全景分割，它将语义分割和实例分割相结合。在语义分割的基础上，不仅划分出每个语义类别（车、人)，还要区分每个语义的个体实例（不同的车之间要用不同的颜色表示）。

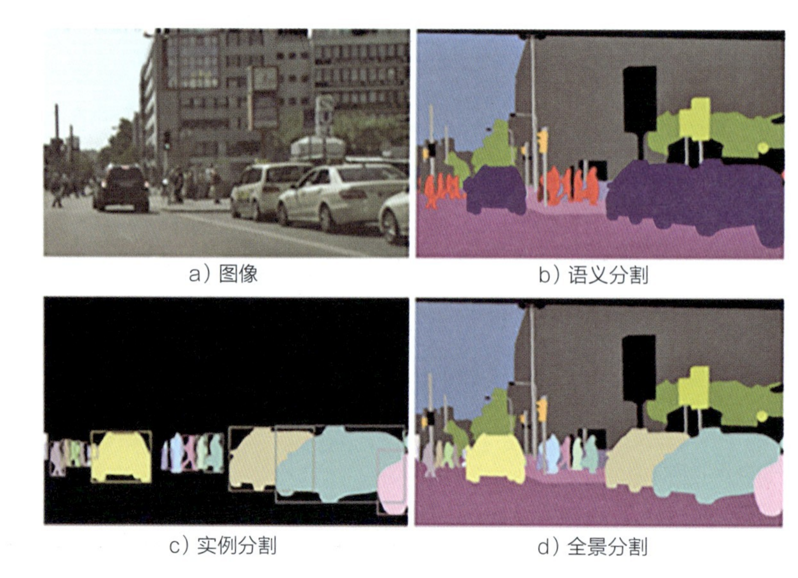

图 5-28　图像分割的精细分类

近年来，基于深度学习的方法在计算机视觉、模式识别等领域取得了令人鼓舞的成就，并且在图像分类、目标检测等方面的精度已经超过人类的手工操作。作为场景理解的基础，图像语义分割的精度直接决定着自动驾驶、三维重建、无人机控制与目标识别等应用的质量。

肺炎 CT 影像分析实践

从古至今，疾病一直困扰着人类。接下来，我们将通过深度学习来实现肺炎 CT 影像分析，高效地完成对患者 CT 影像的病灶检测识别、病灶轮廓勾画等工作，分析并输出肺部病灶的数量、体积、病灶占比等定量指标。

通过 PaddleHub 加载模型并输入图像路径，进行预测：

```
import paddlehub as hub
pneumonia = hub.Module(name="Pneumonia_CT_LKM_PP")
input_dict = {"image_np_path": [[lesion_np_path, lung_np_path]] }
results = pneumonia.segmentation(data=input_dict)
```

如图 5-29 所示，图 5-29a 为输入图像，图 5-29b 为网络的预测结果。其中图 5-29b 左侧绿色部分表示左肺、右侧红色部分表示右肺。

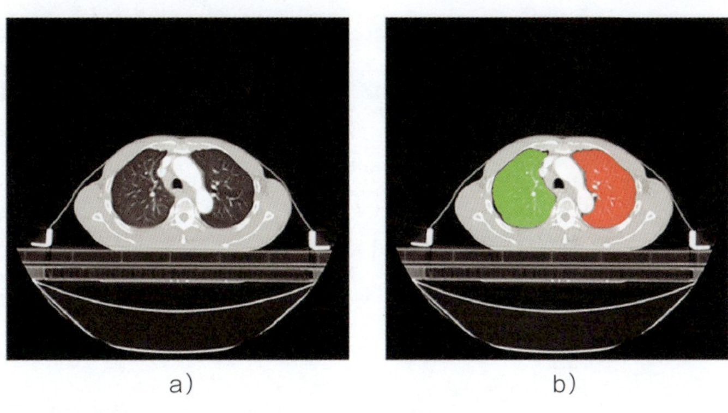

图 5-29　结果展示

分辨视频中的动作

顾名思义，视频分类是指划分视频的类别，这里的视频往往是一个视频片段，分类也从常见的静态类别扩展到了动作、场景等动态类别。因此，进行视频分类时不仅要理解视频中的每一帧图像，还要关联视频中的多帧图像，识别出能够描述视频的主题类别。如图 5-30 所示，通过视频分类划分出篮球比赛、毕业典礼等视频片段。

视频分类

图 5-30　篮球比赛与毕业典礼视频

短视频分类实践

一方面，越来越多的视频录像设备的普及，让更多好玩、有趣的视频丰富了人们的业余生活；另一方面，如何快速、有效地浏览大量视频数据并进行分类对提高用户体验、挖掘潜在的商业价值至关重要。简而言之，视频分类就是给定一个视频片段，对视频中包含的内容进行分类。因为在数量巨大的视频中，分类和标签是搜索视频的重要依据。视频能否被更多人看到、能否受大家欢迎，很大程度上取决于分类和标签是否恰当。接下来，我们使用 PaddleHub 来体验短视频分类。

通过 PaddleHub 加载模型，并进行预测，可以识别健身、跳舞、游泳、烧烤、遛狗五类短视频。其结果如图 5-31 所示。

```
import paddlehub as hub
videotag = hub.Module(name="videotag_tsn_lstm")  # 加载预训练模型
results=videotag.classify(paths=["./1.mp4"],     # mp4 文件路径
                          use_gpu=True,          # 是否使用 GPU 预测，默认是 False
                          threshold=0.5,         # 预测结果阈值
                          top_k=10)              # 返回预测结果的前 k 个，默认为 10
```

图 5-31　分类结果示例

解决生活中的难题

文字识别实践

光学字符识别（Optical Character Recognition，OCR）是指对文本类图像进行分析和识别，以获取文字和版本信息的过程。也就是说，对图像中的文字进行识别，并返回文本形式的内容。接下来，我们将尝试使用 PaddleHub 实现一键 OCR：

```
import paddlehub as hub
import cv2
# 加载移动端预训练模型
ocr = hub.Module(name="chinese_ocr_db_crnn_mobile")
```

```
np_images =cv2.imread(image_path)
results = ocr.recognize_text(
                    images=np_images, # 图片数据，ndarray.shape 为 [H, W, C]，BGR 格式
                    use_gpu=False,            # 是否使用 GPU
                    output_dir='ocr_result',  # 图片的保存路径，默认设为 ocr_result
                    visualization=True,       # 是否将识别结果保存为图片文件
                    box_thresh=0.5,           # 检测文本框置信度的阈值
```

实现效果如图 5-32 所示。

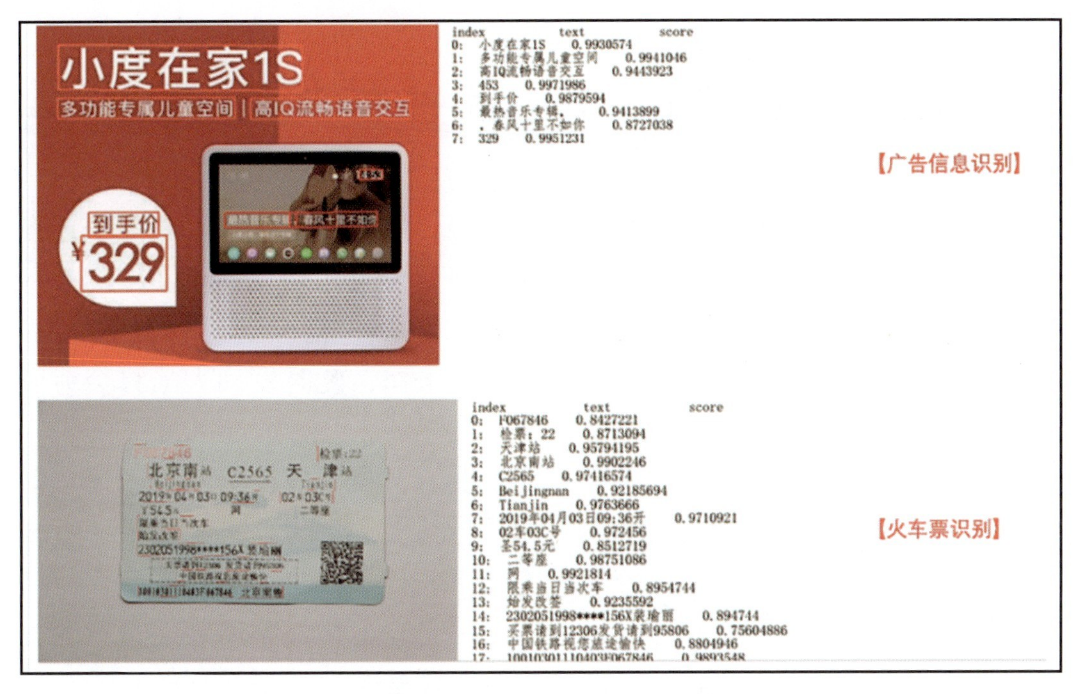

图 5-32　识别广告与火车票

家庭作业

通过牛津大学视觉几何组模型（简称 VGG）实现更好的宝石分类效果。

扫描封底二维码，下载数据集，结合家庭作业参考答案，即可完成实践。

语言处理民心悉，金台拜将东征启

接连几次大战的胜利令西岐将士士气大振，周武王姬发和丞相姜子牙在军中的威望无人能及。为救天下苍生于水火，还百姓一个太平盛世，武王有意命姜子牙率大军东征伐商。而关于要不要东征之事，竟掀起了一波舆论热潮：“此乃顺应天意，必将马到功成！”“西岐根基未稳，此时发动大战只会劳民伤财，自毁前程。”……

自古天下离合之事常系民心，因此姬发决定调查西岐民众对姜子牙东征之事的看法，他将此事交与雷震子去办（见图 6-1）。雷震子思忖良久：西岐民众数以万计，每个人都有自己的意见和态度，若挨家挨户去问，既费人力又费时间，不知何时才能统计出结果。有没有一种自动分析文字所表达情感的方法呢？他绞尽脑汁始终不得其解，只得去求助师叔姜子牙。

姜子牙早已料到雷震子会来，此刻他正端坐在玉石之上，身侧燃着一盏晶莹剔透的琉璃灯，伴着袅袅仙气缭绕……还未等雷震子说明来意，子牙便安慰道：“莫慌，莫慌！”同时挥手示意雷震子上前，说道：“这里有一盏情感分析琉璃灯，可根据文字表达的情感显示不同颜色，定可助你一臂之力！你且拿去用吧！”雷震子在姜子牙的帮助下，用情感分析琉璃灯很快就判断出现在西岐民众都大力支持姜子牙东征伐商。雷震子将民意调查结果禀明姬发后，姬发赐姜子牙金台拜将，东征之路正式拉开了序幕。

图 6-1　雷震子奉命调查西岐民众对姜子牙灭商伐纣的看法

那所谓的情感分析琉璃灯是如何炼成的呢？

自然语言处理概述

情感分析琉璃灯实际上就是对大众的一些文字看法进行自动分析，判断这些看法是正面的还是负面的，在深度学习领域，这其实就是一个文本情感分类任务，对应一项叫作自然语言处理的技术。现在，我们一起来了解一下什么是自然语言处理技术。

随着互联网的发展，我们每天都会在网络中留下许多文字印记（见图 6-2），网络中的各个应用是如何处理这些文字信息的呢？我们都知道，计算机只能处理数值类型的数据，更准确地说，只能处理二进制的 0/1 信号。那么，对于文字信息，计算机如何将其转化为数值类型并进行处理，又如何根据我们输入的文字内容给出我们想要的答案呢？这就是自然语言处理的研究范畴。

图 6-2　生活中无处不在的文字信息

自然语言处理的研究内容

自然语言处理，又称为自然语言理解，它研究能实现人与计算机之间用自然语言进行有效通信的各种理论和方法。它是人工智能早期的研究领域之一，是一门在语言学、计算机科学、认知科学、信息论和数学等多学科基础上形成的交叉学科。

那么自然语言处理究竟研究哪些内容呢？我们知道，文本语句包含一定的语法结构，具有一定的语义，而更细粒度的词或者字在文本语句中有一定的语义角色，具有相应的词性，相邻词之间也具有特定的短语结构等，这些都是自然语言处理研究的内容。具体地说，研究词构成、词性的任务称为词法分析任务，研究句子结构成分之间的相互关系和组成句子序列的规则的任务称为句法分析任务，而研究语句或者词的语义的任务称为语义分析任务。目前，在自然语言处理的各项任务中，通常将上述几项分析任务融合并统一处理了，多方面知识的融合有助于增强机器对文本的理解能力，以便抽取出更有利于任务的特征。

自然语言处理的分词技术

文本词的表示是自然语言处理领域最为重要的环节，中文处理比英文处理更加困难。首先，中文面临的问题是“词”的界定问题。在英文中，单词之间有明显的分界空格，但是中文没有，词语与词语之间是“无缝连接”的。仔细观察会发现中文还有更多奇妙的特征。第一，字词不同义问题，中文里很多字分开和组合起来的含义是不一样的，比如“姜子牙”这个词，组合时是一个名字，分开后“姜 / 子 / 牙”是三个不同的字，与名字没有任何关系，所以在处理中文时，一般不能简单地使用一个字作为输入，这样很可能会改变句子的原意。第二是切分歧义问题。什么是切分歧义呢？就是对于同一个短语，从不同的地方断开，意思是不一样的。举个例子（如图 6-3 所示），对于“智慧的姜子牙”，“智慧 / 的 / 姜子牙”“智慧 / 的 / 姜子 / 牙”与“智慧 / 的 / 姜 / 子 / 牙”三种切分均是正确的，但是显然我们想要的是第一种切分，因为“姜子牙”应该是一个人名，所以，在切分的时候要避免有歧义的切分。第三是未登录词问题。什么是未登录词呢？未登录词是指在你制定的字典里没有的词。你无法判断中文一共有多少个词，因为字的组合无限多，并且新词还会不断地出现，比如新的地名、新的人名、商标、专业术语、缩略词等，因此，要处理好自然语言相关的问题，设计一些好的算法来自动切分句子是非常重要的，切分句子的方法就叫作分词算法。

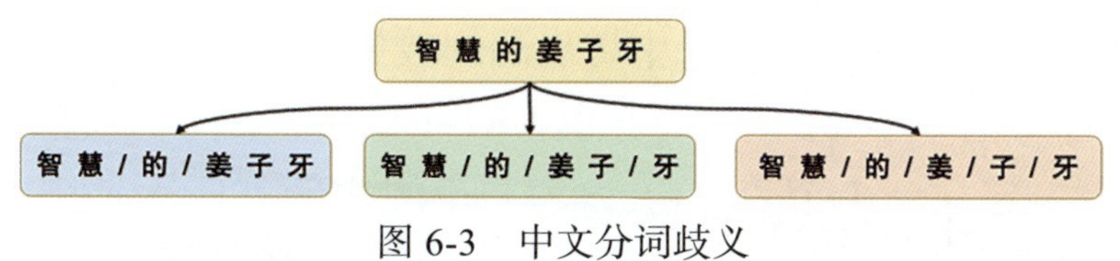

图 6-3　中文分词歧义

分词都有哪些类型的算法呢？根据使用的原理不同，可将自动分词分为三种：基于规则的分词、基于概率统计的分词和基于深度学习的分词。下面简单介绍一下各种算法的原理。

基于规则的分词又称为基于字典、词库匹配的分词算法，该类算法按照一定的策略将待匹配的字符串和一个已建立好的“充分大的”字典中的词进行匹配，若找到某个词条，则说明匹配成功，识别出了该词。主要包括下面四种方法。

（1）正向最大匹配法（方向由左到右）

先建立一个最长词条字数为 L 的词典，然后从左往右按顺序取句子中的前 L 个字查词典，如查不到，则去掉最后一个字继续查，直到找到一个词为止。如图 6-4 所示，假设现在有一个词典，里面的词的最大长度为 5，现在对“姜子牙是真的在钓鱼吗”这句话进行分词，首先取前 5 个字“姜子牙是真”作为一个词查词典，发现查找不到，那么去掉一个字，在字典中查找“姜子牙是”是否存在，发现还是找不到，再去掉一个字，在字典中查找“姜子牙”，这时发现找到了！这样我们就分出来一个词了，然后对剩下的字重复进行上述操作，直到遍历完整个句子。最大匹配算法及其改进方案是基于词典和规则的，其优点是实现简单、算法运行速度快，缺点是严重依赖词典，无法很好地处理分词歧义和未登录词问题。

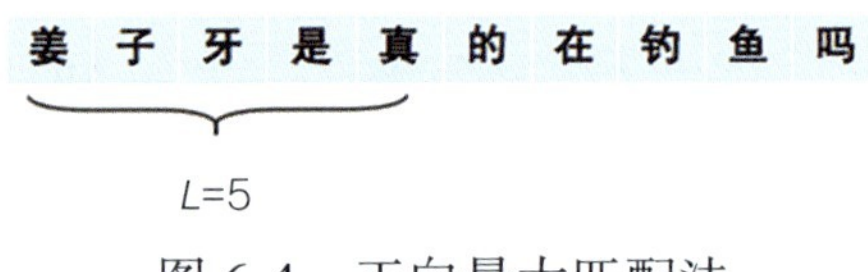

图 6-4　正向最大匹配法

（2）逆向最大匹配法（方向由右到左）

与正向最大匹配法相同，只不过方向是相反的。

（3）双向最大匹配法（进行由左到右、由右到左两次扫描）

结合正向最大匹配法与逆向最大匹配法进行切分。

（4）最少切分（使每一个句子中切出的词数最小）

设待切分字串为 $S = c_1c_2c_3\cdots c_n$，其中 c_i（i=1, 2, 3, ⋯, n）为单个字，n（$n \geqslant 1$）为字串的长度。建立一个节点（v）数为 n+1 的切分有向无环图 G，如果 $w = c_i\cdots c_j$（$0 < i < j \leqslant n$）是一个词，则在节点 v_{i-1} 与 v_j 之间建立有向边，从产生的所有路径中选择最短的（词数最少的）路径作为最终分词结果。

知识点

有向无环图： 有方向但是不存在环的图。

基于规则的自动分词算法需要的语言资源（词表）不多，但是难以区分许多歧义字段。有多条最短路径时，选择最终的输出结果缺乏应有的标准；字串长度较大和选取的最短路径数增大时，长度相同的路径数急剧增加，选择最终正确结果的难度越来越大。

基于概率统计的分词算法具有较强的歧义区分能力，但系统开销较大，主要包括两种方法。

（1）基于词的分词方法

基于词的生成模型主要考虑词汇之间以及词汇内部字与字之间的依存关系，比如采用 n 元语法模型。如图 6-5 所示为采用二元语法模型的方法，通过在全部数据上统计各个组合出现的概率，选取最大概率的切分方式作为切分结果。

知识点

依存关系：两个词之间具有的语法关系，如 x 为 y 的主语。

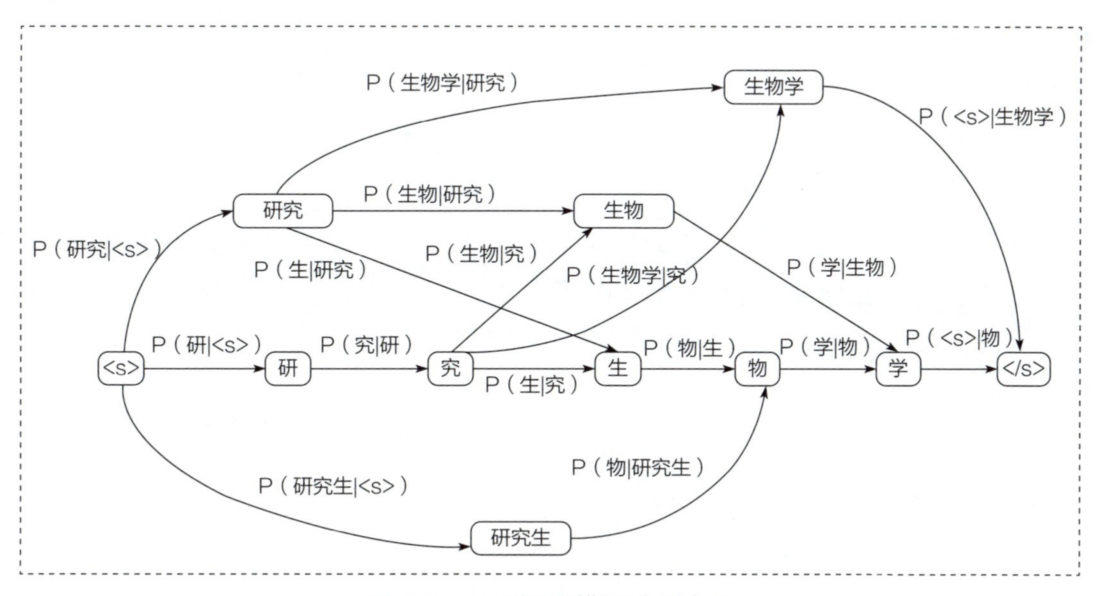

图 6-5　二元语法模型分词方法

（2）基于字的序列标注分词方法

基于字的序列标注分词方法给句子中的每个字都打上标签，标签包括{词首/B，词内/I，词尾/E，单字词/O}，使用特定的方法（比如隐马尔可夫模型、条件随机场）打标签，然后对所打的标签进行组合，比如“姜子牙足智多谋”这句话中的字分别被打上标签“姜/B　子/I　牙/E　足/B　智/I　多/I　谋/E　。/B”，说明“姜子牙”“足智多谋”分别被切分为一个词，所以整句话最后被切分为“姜子牙/足智多谋”，如图6-6所示。

原文：	姜	子	牙	足	智	多	谋	。
标签：	B	I	E	B	I	I	E	B

图6-6　基于字的序列标注分词样本－标签

单独用统计法的缺点是学习算法的复杂度往往较高，计算代价较大，依赖手工定义的特征；而基于字的序列标注分词方法的主要优势在于能够平等地看待词表词和未登录词的识别问题，但是系统开销较大。目前的方法是利用神经网络自动学习特征的优势将两者相结合。

基于深度学习的分词算法是近年来常用的方法，主要使用循环神经网络、卷积神经网络、图神经网络等深度神经网络来自动获取特征（后面章节会介绍前述方法的原理），从而代替传统方法中手工定义的特征。其中最常见的是基于字符的中文分词方法，该方法主要通过神经网络模型进行特征抽取，再使用条件随机场方法为单个字打标签。

中文分词技术是非常复杂的，但是很多优秀的研究者本着知识共享的态度，将自己的研究成果打包为可以直接调用的函数库，并公开发布，这为研究中文自然语言处理的小伙伴提供了极大的便利。其中，大家常用的中文分词系统如下：

1）结巴分词：https://github.com/fxsjy/jieba。

2）NLPIR：http://ictclas.nlpir.org/docs。

3）盘古分词：http://pangusegment.codeplex.com/。

4）搜狗分词：http://www.sogou.com/labs/webservice/。

5）庖丁解牛：https://code.google.com/p/paoding/。

上述分词系统除了提供基本的分词功能，还提供了很多其他的功能，如词性标注、关键词抽取等，感兴趣的读者可以动手实践。

知识点

词性标注： 自动标注词的词性的技术，如名词、动词、形容词等。

关键词抽取： 自动抽取句子中的关键词的技术。

文本分类实践

自然语言处理包含很多子任务，主要分为两大类：文本分类（谣言检测、新闻分类、情感分析、命名实体识别、垃圾邮件检测等）与文本生成（机器翻译、自动问答、文本摘要等），如图 6-7 所示。前者判断文本或者文本中词的类型，后者通常是根据已有文本生成另一段与之对应的文本。

图 6-7　文本分类（左）与文本生成（右）

谣言检测任务旨在判断文本是否属于谣言。社交媒体的发展在加速信息传播的同时，也导致了虚假信息泛滥，可能对人们的经济和社会生活产生负面的影响。古语说“流言止于智者”，要想不被网上的流言或谣言蛊惑、伤害，首先需要对网络信息进行甄别，而人工智能正在尝试完成这一目标。那么，AI 技术是如何做到去伪存真的？在本节中，我们针对谣言检测任务，利用深度学习方法，为大家演示如何使用 PaddlePaddle 深度学习框架实现文本分类。

基于卷积神经网络的文本分类原理

图 6-8 中展示了如何使用卷积神经网络来进行文本分类。该方法主要有四部分，从左到右分别为：（特征）表示层、卷积层、池化层与全连接层。下面依次介绍这四部分的详细情况。

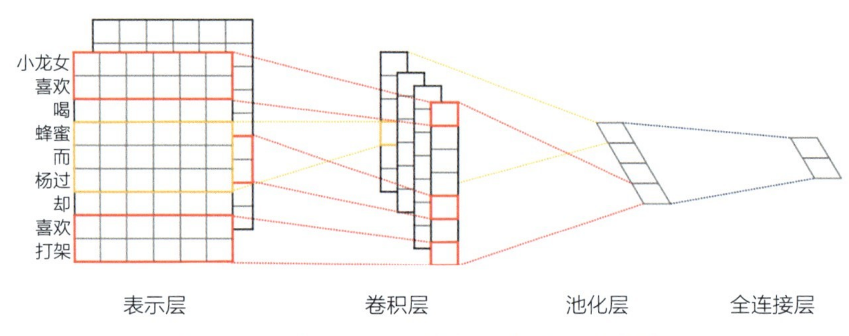

图 6-8　基于 CNN 的文本分类方法框架

1.（特征）表示层

表示层负责将文本表示为计算机可以处理的数据形式。早期的自然语言处理采用 one-hot 方式表示文字，首先构造一个大小为 N 的词典，每个词对应位置的下标为 0 ～ N–1 之间的数，然后初始化一个长度为 N、元素值为 0 的向量。对文章进行分词之后，从头到尾遍历分词的列表，每遇到一个词，就把该词对应的下标位置设置为 1，这样便可以将一篇文章表示为一个数字向量了。但是这样的表示与文章中词的顺序是无关的，且无法表示词的语义，一旦遇到词典中没有的词就无法处理了。

后来，有学者提出，我们可以使用一个向量来表示一个词，也就是词的分布式表示，然后在训练模型的过程中也训练词的表示，使意思相近的词在向量空间中尽量接近，而意思不同的词在向量空间中尽量远离，这样词的表示就具备了语义特征。但这时还是无法处理字典中没有的词，为了处理这一问题，用一个特殊符号来代表所有不在字典中的词。这样我们就得到了具备语义的词表示，可以进行后面的操作了。图 6-8 中的一行为一个词，词表示的维度为 6（实际使用中的维度会更大，此处仅做演示），每个词向量必须作为一个整体使用，也就是说，词向量里面的每个元素单独来看都是无意义的，组合成一个完整的向量才有意义。将每个词表示为向量后，我们就可以把一篇文章表示为一个矩阵了，此时与前面章节的图像表示相似。

2. 卷积层 + 池化层

卷积层与池化层联合起来可以提取文章表示的矩阵的特征。自然语言处理的卷积层与前面章节中图像数据上的卷积有所不同，对文本进行卷积操作时，卷积核的长度必须为词表示的维度，因为词表示向量必须作为一个整体时才有意义。如图 6-8 中所示，我们采用的卷积核的大小为 2×7，这样就可以提取到每两个词进行组合时获得的特征，换句话说，高度为 2 的卷积核能够提取到长度为 2 个词的短语特征，而当我们使用 3×7 的卷积核时，可以提取到长度为 3 个词的短语特征。对于同一个尺寸的卷积操作，可以使用多个不同的卷积核从多个方面进行特征抽取，这样就能得到文本的不同特征，特征越丰富，越有助于分类判断。

池化层的作用是什么呢？卷积层后面一般是池化层，用于特征降维。从图 6-8 中可以看到，每种尺寸的多个卷积核计算之后，都会得到多个特征映射（每个卷积核对应生成一个特征向量），因为我们认为同一个卷积核专注于提取一个方面的特征，所以，需要把这个卷积核所提取的最显著的特征找出来，而不会用到整个特征向量。常用的池化操作有两种：一种是最大池化，即取整个特征向量的最大值，可用于提取最显著的特征；另一种是平均池化，即取整个特征向量的平均值，可用于提取普遍的特征。经过池化操作后，将特征映射的维度减小，拼接起来构成代表文本的显著的（普遍的）特征表示。

知识点

特征降维： 特征的维度由高变低的过程。

3. 全连接层

全连接层本质上是一个分类器，在得到特征表示之后，可以定义一个简单的分类器：全连接层 +softmax 层。假如对文章进行二分类，那么全连接层将文本特征映射为最终的二维向量，然后对二维向量使用 softmax 激活函数，将输出转化为概率分布，它代表将文章分类为每个类别的概率值，取最大概率值对应下标所对应的类作为文本的分类结果。

我们注意到，基于 CNN 的方法在处理文本数据时有一个小缺陷，那就是我们只能处理卷积核内部所能感知到的区域中的词的关联性，卷积核外部的词无法被感知到。文本数据有一个很大的特征：时序性，或者说语义的前后连贯性。只有充分考虑了所有词的语义，最后才能完整地理解文本所表达的含义，显然，基于 CNN 的方法无法对这种语义连贯性建模，但是由于其计算速度非常快，并且分类效果很好，因此在各项自然语言处理中应用依然十分广泛。

前面介绍了基于 CNN 方法进行文本分类的原理，下面讲解如何编写代码进行文本分类。

文本分类主要包含以下 5 个步骤。

1）数据集准备：首先需要准备一个用来分类的数据集，该数据集中包含许多样本，每个样本都包含文章和标签两部分，我们用（文章；标签）来表示一个样本，其中标签为文章所对应的类型。

2）数据预处理：我们对该数据集中的每个文本进行预处理，比如处理中文文本时需要对文章进行分词，分词结束后将文本中一些无意义的特殊符号删除，并使用一定的方法将其表示为计算机可以处理的数字形式。

3）设计模型结构：设计一个分类算法，在该算法中提取文本的特征并对特征进行分类。

4）训练模型：设计好模型后，我们需要在准备的数据集上训练模型，这个训练过程会让模型学习到一个类别的特征。在预测的时候，模型根据待预测文本的特征来判断它所属的类别。

5）测试模型：最后，为了检验模型的分类效果，我们需要用一些模型没有见过的数据进行测试，看看模型是否能将这些数据很好地划分到各自对应的类别中。

下面以谣言分类（数据集地址为 https://github.com/thunlp/Chinese_Rumor_Dataset）为例，重点介绍如何设计卷积神经网络，实现文本分类。

卷积神经网络模型设计

下面按照图 6-8 所示的基于 CNN 的文本分类方法设计一个分类模型。其中，Embedding 类将分词后的词序列从字典下标形式转化为向量形式，Conv2D 为卷积类，MaxPool2D 为最大池化类，Linear 为全连接类，forward() 函数实现网络的前向传播计算。本小节设计的卷积神经网络包含卷积层、激活层、最大池化层、全连接分类层，实现如下。

```
# 定义卷积网络，用于文本分类
class CNN(paddle.nn.Layer):
    def __init__(self):                     # 网络构造函数，定义一些模型的基础模块
        super(CNN,self).__init__()
        self.dict_dim = vocab["<pad>"]# 词表大小
        self.emb_dim = 128                  # 词向量维度
        self.hid_dim = 128                  # 卷积核个数
        self.fc_hid_dim = 96                # 全连接层维度
        self.class_dim = 2                  # 分类数
        self.bsz = 32                       # 批大小
        self.channels = 1                   # 通道数，文本为 1，因为一个文本输入对应一个矩阵
        self.win_size = [3, self.hid_dim]                             # 卷积核大小
        self.seq_len = 150
        self.embedding = Embedding(self.dict_dim+1,self.emb_dim, sparse=False)
        self.hidden1 = paddle.nn.Conv2D(in_channels=1,                # 通道数
                                  out_channels=self.hid_dim           # 卷积核个数
                                  kernel_size=self.win_size)          # 卷积核大小
```

```
        self.relu1 = paddle.nn.ReLU() # 激活函数
        self.hidden3 = paddle.nn.MaxPool2D(kernel_size=2,stride=2) # 最大池化操作
        self.hidden4 = paddle.nn.Linear(128*75, 2)                 # 输出层

# 网络的前向计算过程
    def forward(self,input):
        x = self.embedding(input)      # 将输入文本的 ids 转换为词向量
        x = paddle.reshape(x, [self.bsz, 1, self.seq_len, self.emb_dim])
        x = self.hidden1(x)            # 卷积层
        x = self.relu1(x)              # 非线性激活层
        x = self.hidden3(x)            # 池化层
        # 在输入全连接层时，需将特征图拉平，这样可以自动将数据拉平
        x = paddle.reshape(x, shape=[self.batch_size, -1])
        out = self.hidden4(x)          # 全连接层
        return out
```

卷积神经网络模型训练

定义好模型类后，我们就可以训练模型了。要训练模型，首先要初始化一个模型类，然后定义优化器 Adam 和损失函数。此处依旧使用分类任务中常用的交叉熵损失函数，不同于前面使用的交叉熵损失类，飞桨深度学习框架直接提供了损失计算接口 paddle.nn.functional.cross_entropy()，加载好数据之后，计算一遍模型里面定义的前向计算过程，然后计算损失函数，反向传播更新模型的参数，然后重复上述迭代过程，直到模型收敛，代码如下：

```
# 训练模型函数
def train(model):
    model.train()                                        # 开启训练模式
    # 定义优化器
    opt = paddle.optimizer.Adam(learning_rate=0.002,
                                parameters=model.parameters())
    steps = 0
    Iters, total_loss, total_acc = [], [], []
    for epoch in range(3):                               # 一共训练多少轮
        for batch_id, data in enumerate(train_loader):   # 每一轮分多批次进行训练
            steps += 1
            sent = data[0]
            label = data[1]
            logits = model(sent)                         # 将数据输入模型中
            loss = paddle.nn.functional.cross_entropy(logits, label) # 计算损失函数值
            acc = paddle.metric.accuracy(logits, label) # 计算准确率
```

```
            loss.backward()                                 # 反向传播梯度更新
            opt.step()
            opt.clear_grad()                                # 梯度值清零
    paddle.save(model.state_dict(),"model_final.pdparams")          # 保存模型
# 实例化模型类，并执行训练操作
model = CNN()
train(model)
```

卷积神经网络模型验证

完成上述步骤后，模型已经训练好了，现在我们要使用模型没有见过的数据测试模型，看看它能否达到检测正确率标准。首先加载训练好的模型参数，并且将其赋值给新初始化的模型实例，然后加载测试数据，将其输入到模型中计算结果，然后输出在测试集上的准确率，代码如下：

```
# 测试模型
model_state_dict = paddle.load('model_final.pdparams')          # 加载模型参数
model = CNN()                                          # 构造模型结构
model.set_state_dict(model_state_dict)                 # 将训练好的参数赋值于新的模型结构
model.eval()                                           # 开启验证模式
acces = []
losses = []
for batch_id, data in enumerate(test_loader):                   # 分批次进行测试
    sent = data[0]
    label = data[1]
    logits = model(sent)                                        # 前向计算
    loss = paddle.nn.functional.cross_entropy(logits, label)  # 计算损失
    acc = paddle.metric.accuracy(logits, label)                 # 计算准确率
    acces.append(acc.numpy())
    losses.append(loss.numpy())
avg_acc, avg_loss = np.mean(accuracies), np.mean(losses)     # 计算平均准确率、损失值
print("[validation] accuracy: {}, loss: {}".format(avg_acc, avg_loss))
```

至此，我们便完成了模型的训练与验证，大部分分类任务的建模过程类似。上述模型也可以用于其他类型的分类任务，比如情感分析、垃圾邮件检测、新闻分类等，只需要改变数据集的输入参数即可，感兴趣的读者可以自行尝试更换数据集，完成不同的任务。

自然语言处理的其他任务及体验

除了上述简单的文本分类任务之外，自然语言处理领域还有很多先进的应用任务，比如神经机器翻译技术、自动问答技术、信息抽取技术、机器阅读理解技术、文本摘要技术等，下面简单介绍各项任务的概况。

神经机器翻译

西岐大军经常收到来自各方的情报，但是由于地域不同，大家使用的语言各不相同，导致军中情报无法被准确、及时地反馈至将军处，因此姜子牙引入了一种叫作神经机器翻译的神器，实现了各方情报在语言上的统一！

神经机器翻译（Neural Machine Translation，NMT），以下称为机器翻译，是计算语言学的一个分支，也是人工智能领域的一个重要应用（见图 6-9）。随着互联网的飞速发展，人们对语言翻译的需求与日俱增。根据维基百科的数据，目前互联网上存在数百种不同的语言，其中英语内容占互联网全部内容的一半左右，而以英语为母语的互联网用户只占全部互联网用户的四分之一。

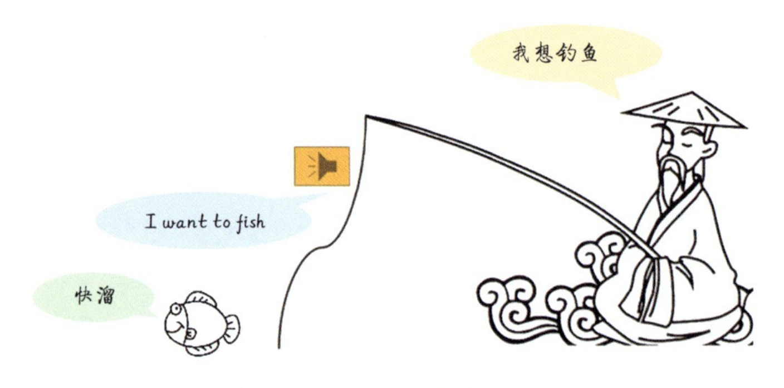

图 6-9　神经机器翻译

通过计算机将一种语言翻译成另一种语言称为机器翻译，机器翻译已成为目前解决语言屏障的重要方法之一。与人工翻译相比，机器翻译可以大幅节约翻译时间，提高翻译效率，满足资讯等时效性要求较高或者海量文本的翻译需求，极大地降低了人力成本。更重要的是，它使跨语言交流成为每个人都可以拥有的能力，出国、工作、学习时不再求助于人，语言不通不再是人们获取信息和服务的障碍。

机器翻译用于将一种语言（源语言）转换为另一种语言（目标语言），在转换的过程中，需要分别编码源语言与目标语言，因此，需要两个编码器来执行。经典的机器翻译框架如图 6-10 所示，该框架主要包含两部分：编码器（Encoder）与解码器（Decoder）。其中，编码器负责编码源语言，获取源语言的语义表示；而解码器根据源语言的输出以及预测的上一个单词，逐个解码目标语言的每一个单词。

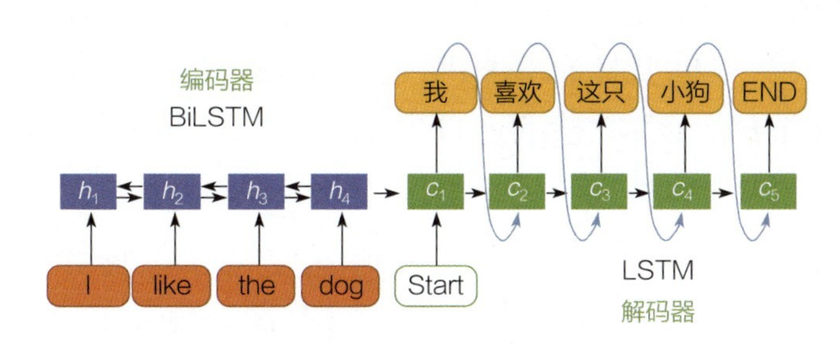

图 6-10　机器翻译编码器 - 解码器框架

早期的机器翻译使用循环神经网络（Recurrent Neural Network，RNN）作为编码器与解码器，由于循环神经网络处理长文本时存在缺陷（历史信息容易被遗忘），因此开发了改进的长短时记忆网络（Long Short-Term Memory，LSTM）与 GRU（Gate Recurrent Unit），它们通过门（“门”开则信息通过，“门”关则信息阻塞，“门”半掩则部分信息通过）机制来控制历史信息的引入。本质上，LSTM 与 GRU 是循环神经网络的变体，同时，为了充分获取每个单词在整个上下文中的表示，开发了双向的 RNN（LSTM/GRU）。解码器部分使用单向（从前向后）的编码器即可，因为我们在预测一个句子时，需要一个单词一个单词地去预测，并不能跳跃地获取当前正在被解码单词后面的单词。

直观上，源语言中的一些单词与目标语言中的一些单词是相互对应的。传统的方法在解码目标语言中的单词时，使用的源语言的表示是相同的，也就是说，默认解码所有单词时都使用源语言的总体句子语义，这显然违背了我们的直观观察。后来，学者们在解码目标语言中的每一个输出单词时，引入了注意力机制（Attention Mechanism）。每解码一个单词，要先计算当前单词与源语言单词的相关性，“重点”关注与自己相关的单词，例如在图 6-10 中，在解码“喜欢”这个词时，更加关注“ like”这个单词；而在解码“小狗”这个词时，更加关注“ dog”这个单词。可见，解码不同的单词，关注的点不同，这更加符合我们的客观观察。

注意力机制的引入使机器翻译的性能、可解释性有所增强。2018 年，谷歌推出了机器翻译模型 Transformer，提出使用多头注意力机制进行编码与解码，完全不使用循环神经网络，这样做有两个优势：①注意力机制可以捕获文本的句法结构，解决文本的长距离依赖问题，使编码器不再受文本长度的约束；②多头注意力机制的引入将原始的特征空间分成多个子空间，多个子空间提取不同的结构特征，使文本表示更加丰富。Transformer 的提出成为机器翻译甚至整个自然语言处理领域的里程碑，它颠覆了传统的文本编码方式。在后来的研究中，Transformer 应用非常广泛，在大规模预训练语言模型中几乎都使用 Transformer 层作为基础模块。

知识点

长距离依赖：在句子中相距很远的两个词存在依赖关系。

多头注意力机制：并行多个注意力，称为多头注意力。

自动问答

近日，西岐大军接受了统一的军事教育，但是很多士兵总是记不住军事教育中学过的知识，一次次地向姜子牙提问，而且，大家总是在不同的时间问很多同样的问题。姜子牙大感疲惫，决定开发一个自动问答系统（见图 6-11），这样士兵们只需要在营地的机器中输入自己的问题就能获得答案了！

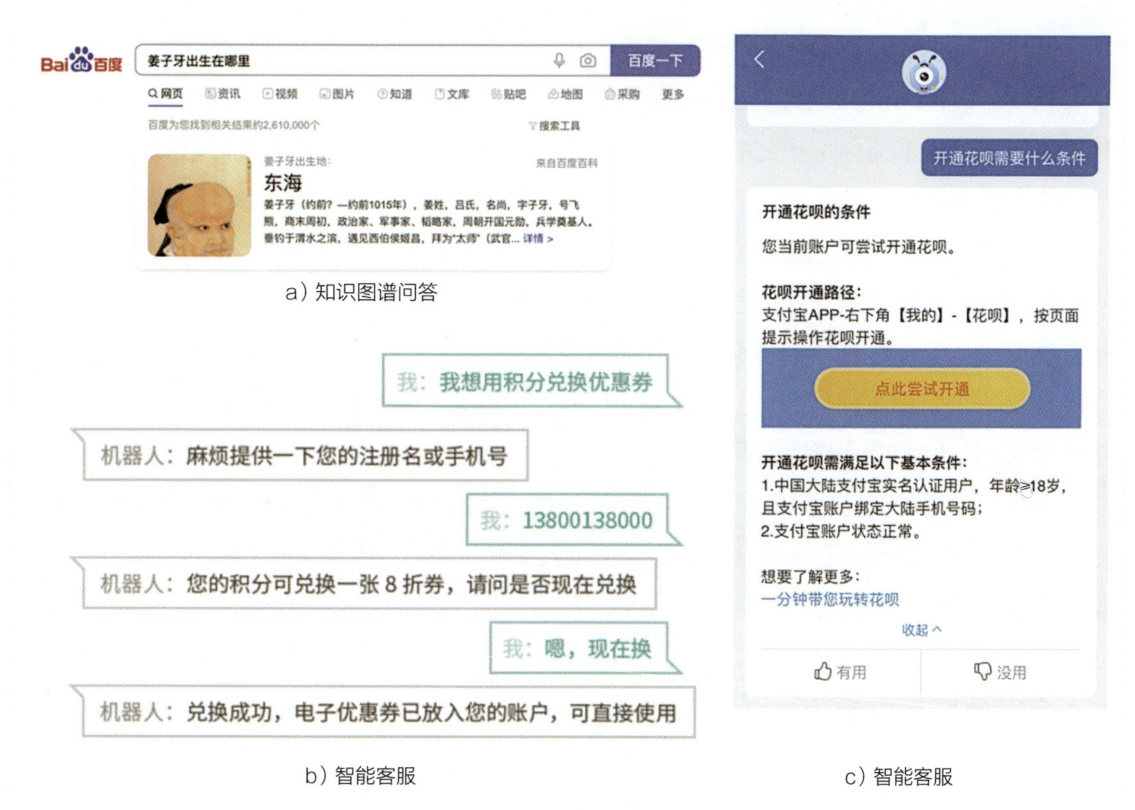

a）知识图谱问答

b）智能客服

c）智能客服

图 6-11　自动问答应用

机器的自动问答可以追溯到 20 世纪提出的图灵测试。随着人工智能和自然语言处理的发展，自动问答成为一个热门话题。自动问答系统主要处理两方面的数据，分别是接受的问题和给出的回答。处理框架通常包括三部分：问句理解、知识检索和答案生成。

问句理解就是理解用户的提问，这是人机交互的第一步。与前面介绍的文本分类不同，文本分类只需要提取文本的某些类别特征即可，而问句理解需要使用高层次的语义理解。问句理解主要包含以下任务：

1）对问句进行分类。明确问句归属的确切类别，使机器能够从特定的答案集合中找到对应的回答，具体的问句分类方法可以使用机器学习或深度学习方法来实现。

2）焦点问题提取。明确需要回答的问题所针对的方面，例如对于“姜子牙在哪里出生”，焦点问题肯定是“出生”与“哪里”，因此需要在地点类型的候选集中寻找答案。

3）探索问句隐含的含义。需要把没有直接表达的部分补全，例如“姜子牙多大”，可以根据上下文补全“姜子牙（的年龄）多大”或者“姜子牙（的鞋子）多大”等内容。

知识检索就是根据问句理解提取的信息，在知识库中检索出相关联的知识，然后传递给后续的答案生成模块以产生相应的回答。知识检索部分的主要问题就是如何建模真实问句与知识库中存储的问句之间的语义关系，近年来使用较多的都是建立真实问句与检索问句之间的概率分布，从而能够找出与搜索问题相关或一致的问题。

答案生成就是根据知识检索到的信息，得到正确并且简洁的答案。其中，最主要的部分就是知识库中候选答案的抽取工作，具体可以分为词汇短语抽取、句子抽取和段落抽取等。段落抽取粒度最大，它主要将多个候选句子合并为一个简洁、正确的句子。句子抽取则是对候选句子进行提纯，去除错误答案。短语抽取粒度最小，是指采用更深层的分析技术从候选句子中提取出个别词或短语。回答的置信度计算是其中基本的部分，在传统实现中，它一般是通过提取句法、语义等特征，再通过机器学习的方法来实现的。

对于如今基于深度学习的问答系统，问句理解和答案生成都可以通过深度神经网络来实现，知识检索则可以通过构建相应的概率模型来实现。

信息抽取

近日军情告急，每天都会有很多情报被送至姜子牙处等待处理，姜子牙分身乏术，如何能快速地从大量信息中抽取关键的信息呢？休息时，姜子牙突然想到了最近听说的信息抽取技术。说干就干，经过查询资料和刻苦编码，他终于开发出了一个自动信息抽取系统。此系统在片刻之间便能处理完一堆文件，并且抽取里面的重要情报信息，可谓快哉！

信息抽取（Information Extraction，IE）就是从自然语言文本中，抽取出特定的事件或事实信息，对海量内容进行自动分类、提取和重构，这在信息化时代非常有用，能帮助我们从大量的文本内容中快速地过滤无用信息，得到我们需要的关键信息。

信息抽取技术可以抽取的信息通常包括实体、关系、事件等。例如，从新闻中抽取时间、地点、关键人物，从文本中抽取关键实体对的关系，从技术文档中抽取产品名称 / 开发时间 / 性能指标等。这三种信息抽取技术分别对应三个子任务：①实体抽取，也就是命名实体识别，用于识别出文本中的实体，比如人名、地名、机构名等；②关系抽取，即通常说的三元组抽取，主要用于抽取两个实体在某一特定上下文中的关系；③事件抽取：相当于一种多元关系的抽取，识别特定类型的事件，并找出在事件中担任角色的关键参与者。

知识点

多元关系：一段关系中涉及多个参与者。

1）实体抽取又称为命名实体识别，本质上，该任务是文本粒度更细的分类问题，即单词级别的分类。对于每一个单词，判断其是否属于某一类实体的开始词、中间词、结尾词。比如，对于名字“姜子牙”，我们可以为其打上标签：姜（B- 人名）、子（I- 人名）、牙（E- 人名），其中 B-、I-、E- 分别表示实体的开始、中间、结束部分。任意的文本编码器都可以用于在该任务中对句子中的单词进行编码，然后对所有单词进行分类。为了避免出现诸如姜（B- 人名）、子（I- 地名）、牙（E- 机构名）这种极端的预测情况，通常在标签预测阶段引入条件随机场进行类型间的概率转移约束。

2）关系抽取又称为关系分类，对于给定的实体对，判断两者在一个句子中的关系。比如，对于“姜子牙与申公豹是师兄弟”，实体“姜子牙”与实体“申公豹”在这个句子中的关系类型就是“同门”。可以将关系抽取抽象为一个简单的分类问题，分别编码实体对、句子，获得两者的表示，再将其进行融合，构成整个样本的特征，然后进行关系分类。

3）事件抽取比前面两个任务更为复杂。例如，对于“姜子牙给他的坐骑准备了丰富的粮草”，首先进行触发词的抽取（比如我们识别到一个触发词

"准备"，它对应的事件类型是"生产"），接下来进行元素抽取，即涉及上述事件的元素，并指出这些元素在该事件中扮演的角色。元素抽取模块可以抽取出两个元素：元素1"姜子牙"，对应的角色是"生产者"（姜子牙的角色类型）；元素2"粮草"，对应的角色是"产品"（粮草的角色类型）。上述过程就抽取出了"姜子牙给他的坐骑准备了丰富的粮草"这句话中的事件。可以看到，触发词抽取是一个类似于命名实体识别的过程，而元素及角色抽取的过程也是一个类似于命名实体识别的过程。这两个过程既可以串联执行（流水线执行），也可以并行执行（联合执行）。前者先进行触发词抽取，再进行元素角色抽取，而后者同时进行触发词和元素角色抽取。前者虽简单，但容易引入误差累积。

知识点

误差累积： 旧的误差经过新的计算产生了新的误差，这个过程称为误差累积。

机器阅读理解

姜子牙最近得闲，于是经常写一些小文章给姬发，并且会附上几个小问题让姬发回答。姬发每天要处理很多事务，没有空闲看这些"小作文"，但他又不得不看，于是邑姜跑来支着儿说："简单！我最近刚学习了一种机器阅读理解技术，本来是想帮您分担一部分看奏章的工作，没想到在这里派上用场了！"

机器阅读理解（Machine Reading Comprehension，MRC）是一项基于文本的问答任务（Text-QA），也是非常重要和经典的自然语言处理任务之一。机器阅读理解旨在对自然语言文本进行语义理解和推理，并据此完成下游的一些任务。

机器阅读理解可以形式化为：给定一个问句，以及对应的一个或多个文本段落，通过学习一个模型使其返回一个具体的答案。根据下游具体任务的不同，输出也有所不同，机器阅读理解通常包含如下几个下游任务：

1）是非问答：回答类型为 yes 或 no，通常属于一个二分类的任务。

2）选择式问答：类似于选择题，模型的输入除了问句和文本外，还会给定候选的答案，模型的输出为相关性打分值，因此选择式问答可以当作一个答案排序类问题，当问答为单选时，只取 Top1 的得分；否则可以设置阈值选择多个答案。

3）区间查找：此时标准答案出现在文本内，即答案是文本内的某一个片段，因此区间查找任务可以视为两阶段的多类分类，两阶段分别指预测答案开始的位置、预测答案结束的位置。

4）生成式问答：该类是最复杂的任务，即完全由模型生成答案，任务可以定义为文本生成（或机器翻译类似）的任务。

各类任务举例如表 6-1 所示。

表 6-1　自动问答类型

类型	上下文	问题	候选答案	答案
是非问答	小明的爸爸在一所学校教英语	小明的爸爸是老师吗	—	是
选择式问答	小明的爸爸在一所学校教英语	小明的爸爸是一名什么老师	A. 英语 B. 语文 C. 数学 D. 物理	A. 英语
区间查找	小明身高 160cm，体重 50kg	小明身高多少	—	160cm
生成式问答	小明喜欢吃水果，喜欢打篮球，并且热爱公益	小明喜欢做什么	—	吃水果、打篮球、做公益

自动文本摘要

姬发觉得邑姜的机器阅读理解非常好用，但是最近奏章多得处理不过来，西岐的大事小情都写在奏章里让他处理。比如，有的奏章上奏的事情只是上奏者想要盘下西街的店铺！姬发甚是心累，这等小事竟然也要上奏！于是问邑姜有没有办法能够给他一个奏章的摘要，以便他快速地决定需要详读哪些奏章！邑姜灵机一动，说道："有！自动文本摘要可以帮你！"

文摘即全面、准确地反映某一文章中心内容的简单、连贯的短文。自动文本摘要（Automatic Text Summarization）又称为自动文摘，是使用计算机自动地从原始文献中提取文摘。

自动文摘技术主要有抽取式自动文摘和生成式自动文摘两种。抽取式方法比较简单，通常利用不同文档结构单元（句子、段落等）进行评价，给每个结构单元赋予一定权重，然后选择最重要的结构单元组成摘要。生成式方法通常需要利用自然语言理解技术对文本进行语法和语义分析，对信息进行融合，利用自然语言生成技术主动生成新的摘要句子。下面我们将学习使用飞桨提供的API来完成不同的生成式自动文摘任务。

自动文本摘要之 PaddleHub 体验

下面为大家介绍一个简单的自然文本摘要与推理的例子，本实践体验来源于 https://aistudio.baidu.com/aistudio/projectdetail/986520?channelType=0&channel=0。本实践利用 PaddleHub 组件在 ERNIE-GEN（具有强大的自然语言生成能力）预训练模型上，使用汽车大师问答摘要与推理的数据集进行微调，得到新的参数，然后用于测试数据的推理：

```
import paddlehub as hub                    # 导入 PaddleHub 库，该库中包含很多训练好的模型
module = hub.Module(name="Report_GEN") # 加载微调好的模型 Report_GEN
# 测试输入文本，可自行更换文本进行尝试
input_texts = ['换个福特福瑞斯前面的保险杠多少钱 | 你好，原车杠 600 左右，| 修理厂，|1200 左
    右吧 |1800 左右吧 | 就一个大灯 ', '05 年的圆屁股 a6，1.8T 自动挡，能卖多少钱，一手车，车况好
    【车型：奥迪 A6】| 你好，你可以在当地二手车市场让他们估价，我想大概还能值 30000 ~ 40000 吧。
    谢谢 ',' 新换的马牌轮胎不知道装反没有。| 轮胎上没有“旋转方向箭头”指示  怎么安装都可以，不会
    安装反的！  四季胎一般没有安装方向要求的！  只有防滑胎（雪地胎）才有正反面 ']
# 模型预测，调用 generate 高层接口，输入待预测的文本进行预测
results = module.generate(texts=input_texts, use_gpu=True, beam_width=1)
# 输出候选问题的摘要及推理
for i ,result in enumerate(results):
    print('第 %d 个输入文本生成的报告为 :%s' % (i+1, result[0]))
```

输出结果如下：

```
[2020-09-21 15:05:55,261] [    INFO] - Installing Report_GEN module
[2020-09-21 15:05:55,354] [    INFO] - Module Report_GEN already installed
第1个输入文本生成的报告为:原车杠600左右，修理厂1200左右。
第2个输入文本生成的报告为:你好，这个车子估计还能卖30000左右吧。
第3个输入文本生成的报告为:轮胎上没有旋转方向箭头，不会安装反的！四季胎一般没有安装方向的！
```

知识点

微调： 在训练好的模型上，使用新的小规模数据集进行轻微的参数调整的过程。

PaddleHub 还提供了很多其他任务的便捷接口，更多体验可以参考官方示例（https://aistudio.baidu.com/aistudio/personalcenter/thirdview/79927）或者官方开源代码（https://github.com/PaddlePaddle/PaddleHub）。

家庭作业

设计系统以便自动对新闻进行分类。
扫描封底二维码，下载数据集，结合家庭作业参考答案，即可完成实践。

万仙大阵困诸仙，语音识别挽狂澜

西岐东征大军自开拔以来，战无不胜，转眼就攻到了临潼关外。然姜子牙万万没有想到，一场血战正在等待着他……

秋风凛冽，映着最后一抹落日余晖，子牙从坐骑四不像上起身，挥舞着伐纣大旗，嘹亮的号角声伴随着打神鞭的一声巨响，振耳欲聋。只待子牙一声令下，大战一触即发！此时一只通体雪白的兔子跳到子牙身边，咬扯着子牙的长袍并拼命叫道："现在不能强攻啊！申公豹挑唆通天教主已在临潼关内布置好万仙阵，一旦踏入，任你十万二十万大军，顷刻间都会被一网打尽！"子牙低头定睛一看，发现这竟是通天教主座下随侍长耳定光仙。子牙皱了皱眉头，颇有疑虑。长耳定光仙为免姜子牙多虑，特献上从通天教主那里偷来的六魂幡，以表投诚之心。子牙这才信了他，命大军暂时原地驻扎。

杨戬和哪吒主动请缨，作为先锋入临潼关一探虚实。只见他们一入阵中，四面八方便传来各种诡异的声音，震得他们头痛欲裂，法器仙术尽数失效，整个人软绵绵的，毫无还手之力（见图 7-1）。幸得元始天尊集万年修为拼命打开一个缺口，方才救了二人性命。就在众人惊魂未定、束手无策之际，一位仙气飘飘的老者鸿钧老祖出现了，他向众人道："该阵不同寻常之阵，乃颠倒阴阳平衡的万仙阵，有太极四象阵眼，分别鸣出钟、铃、鼓、琴诡异之音，交融后能扰人心智、摄人魂魄，直至形神俱灭，天地重归混沌。"姜子牙眉头紧锁，表情凝重，焦虑地问道："此阵可有破解之法？"鸿钧老祖笑着答道："子牙，此阵非你不可破！"随即天上缓缓飘落下一件形似音叉的法器，鸿钧老祖指向这法器说道："此乃语音分类辨音器，可助你堪破此阵。"子牙听后，紧锁的眉头终于舒展开来。随后，子牙使用语音分类技术，轻松地区分了这 4 种声音，并精确找出了太极四象的方位，大破万仙阵，通天教主形魂俱灭。申公豹见大势已去，欲偷走六魂幡逃跑，被子牙活捉填了北海眼。至此，伐纣灭商征程已近尾声，只待直取朝歌，成就大业。

图 7-1　万仙阵屠戮神灵，诸仙束手无策

子牙在送别鸿钧老祖时，忍不住问道："师祖，您赐予我的酷似音叉的辨音器是何物？为何能如此智能地分辨出各类声音？"鸿钧老祖大手一挥，"语音识别"四个大字赫然出现在眼前，并道："这还要从一项叫作语音识别的技术开始说起……"

语音识别概述

什么是语音识别呢？首先，语音是自然语言的一种形式，因此，语音识别技术是自然语言处理的应用领域之一。语音识别的全称为自动语音识别（Automatic Speech Recognition，ASR），目前已经在各个领域得到了广泛的应用。例如，手机上的语音识别技术有苹果的 Siri、小米的小爱同学等，很多智能音箱助手（比如百度的小度智能音箱）还有科大讯飞的智能语音产品，等等。

显而易见，语音技术与传统的自然语言处理技术最大的不同点就是语言的形式。语音技术需要处理的语言是声波形式，而传统自然语言处理的语言是文本形式，也就是说，我们将语音输入转换为文本输出的过程就是语音识别的过程。

一个简单的语音识别过程如图 7-2 所示，主要包含四个部分：信号处理及特征抽取、声学模型（声学建模）、语言模型（文本建模）和解码器。接下来将详细介绍这四个部分。

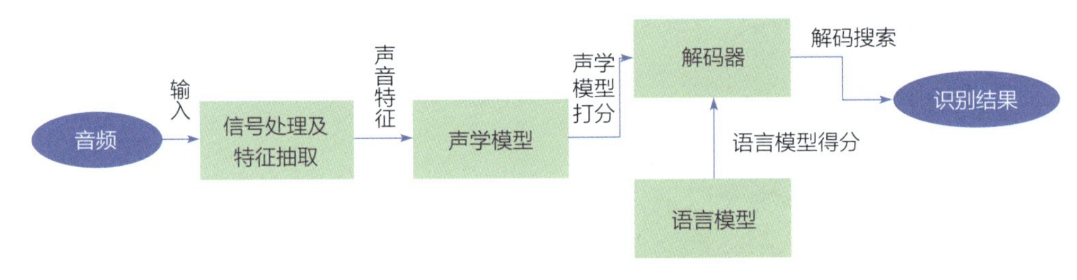

图 7-2　简单的语音识别过程

信号处理及特征抽取

作为一种语音信号，声音通常由人类发声器官或者其他声源产生，通过音频采集装置采集到的声音通常有很大的噪声，会对语音信号的质量产生非常不利的影响。因此，在进行声学建模之前，需要对语音信号进行预处理，比如过滤其中的噪声、消除一些静音片段、分帧等，从原始信号中把要分析的信号提取出来。

知识点

分帧：为减少语音信号整体的非稳态、时变的影响，需要对语音信号进行分段处理，其中每一段称为一帧，帧长一般为 25ms。

基于原始波形进行识别往往不能取得很好的识别效果。通常，特征抽取工作将声音信号从时域（以时间作为参照来观察的动态的信号）转换到频域（描述信号在频率方面的特性时用到的一种坐标系）。将时域转换到频域或者其他域是为了换个角度解决问题，因为变换域中具备时域中没有的特性和优势，能够为声学模型提供合适的特征向量。频域变换后提取的特征参数用于识别，而能用于语音识别的特征参数必须满足以下三个特征：

1）特征参数应该能够描述语音的根本特征；

2）尽量降低各个特征参数之间的相关性（相关的特征可以从一种特征推理到另一种特征，等价于同一种特征）；

3）抽取特征参数的过程应尽量简便，以使模型更加高效。

目前，语音识别最常用的特征参数有：线性预测倒谱系数（LPCC）和 Mel 倒谱系数（MFCC）。上述两种方式都是特征提取的方法，可以为每个语音信号提取一个多维的特征向量。除此之外，还可以基于语音的发声特征，例如基音周期、共振峰等，进行特征提取。基音周期指的是声带振动的频率（基频）对应的周期，由于其能够有效表征语音信号的特征，因此从最初的语音识别研究开始，基音周期检测就是一个至关重要的研究点。共振峰指的是语音信号中能量集中的区域，由于其表征了声道的物理特征，并且是发音音质的主要决定条件，因此也是十分重要的特征参数。目前，许多研究者开始将深度学习中的一些方法应用在特征提取中，取得了较好的效果。

声学模型

经过特征抽取之后，我们就可以对抽取到的音频特征进行进一步的处理了，处理的目的是找到语音来自某个声学符号（音素）的概率或者进行打分。

这种通过音频特征找概率的模型就称为声学模型，是语音识别系统中非常重要的组件，对不同基本声学符号的区分能力直接关系到识别结果的好坏。

在深度学习兴起之前，混合高斯模型（GMM）和隐马尔可夫模型（HMM）一直作为非常有效的声学模型而被广泛使用，即使在深度学习高速发展的今天，这些传统的方法仍然有很多用处。比如，作为增强特征输入深度学习模型中，对于简单的语音识别任务，GMM 与 HMM 甚至能获得更好的效果。

知识点

混合高斯模型（GMM）： 多个高斯分布函数的线性组合。

隐马尔可夫模型（HMM）： 用于对序列进行建模，从一个观测序列推出其对应的状态序列，也就是“由果找因”。

深度学习的飞速发展也为语音识别的进步带来了很大的契机。最早被用于声学建模的神经网络就是最普通的深度神经网络（DNN）。由于 GMM 等传统的声学模型存在音频信号表示效率低（特征工程）的问题，而深度学习可以以一个黑盒子的方式去学习这些特征表示，因此，DNN 在一定程度上可以解决特征工程带来的挑战。我们前面学习了深度神经网络，模型的输入是定长的，但是声音这种时间序列信号是没有固定长度的，因此需要对声音的长度进行“约束”。如何约束呢？就是使用传统方法与深度学习结合的 DNN-HMM 混合系统。

语言模型

抽象来说，语言模型在语音识别整个流程中的作用就是根据某个或多个领域的语言表达习惯，为解码空间引入约束，限制解码过程中搜索空间的大小，以便在合理的计算时间内得到有意义的文字序列。

为什么语言模型能够限制解码搜索空间大小、加快语音识别的解码速度呢？以中文为例，常用字有两千多个，在不加任何语法约束的条件下，我们的语言表达方式接近无数种，解码器根本不可能在有限的时间内给出识别结果。但如果加入语言模型的信息，就会剔除那些不符合语言表达习惯的路径，限制搜索空间的大小，使得解码时间可以接受。如此，语音识别技术才能够进入商用产品的视野中。

一般采用链式法则来统计语言模型，把一个句子出现的概率拆解成其中每个词出现的概率之积，使得其值最大。然而，当条件太长的时候，这个条件概率仍然是难以计算的，因此最常见的做法是认为每个词的概率分布只依赖于历史中最后的若干个词，这样的语言模型称为 n-gram 模型。在 n-gram 模型中，每个词的概率分布只依赖于前面的 $n-1$ 个词。

解码器

简单来说，解码器可以被看作一个函数，代表一种将语音音频特征矩阵映射为一个或多个词序列的映射关系。这种映射关系本质上是一系列概率的乘积，这些概率由前面介绍的声学模型、语言模型和词典计算得出。

声学模型、语言模型和词典共同为每一条音频构建了一个有向图，解码的过程就可以抽象为在这个有向图中搜索最短路径的问题，可以使用深度优先和广度优先的搜索算法。对于语音识别而言，广度优先算法也可叫作时间同步的搜索算法，一般指 Viterbi 算法，该算法从初始时刻开始一步步向后搜索，同一时刻会扩展下一步的所有连接点，操作比较简单，但也搜索了很多无用的路径，计算量较大；深度优先算法也可以叫作时间异步的搜索算法，该算法在每个时刻会预测未来路径的概率值，优先对结合预测结果的“最优可能路径”进行扩展，不需要搜索全部路径，速度较快，但是该算法不是随时间步进行扩展的，不容易理解，且操作比较复杂。目前，语音识别领域出现了一些技术，使得解码图的规模大大减小，这样，Viterbi 算法的计算量也能满足使用要求，所以现在的解码器一般使用 Viterbi 算法。

语音识别实践

本节中，我们利用 PaddlePaddle 搭建一个端到端的自动语音识别模型。本实践使用的数据集是 THCHS-30，是由清华大学语音与语言技术中心（CSLT）出版的开放式中文语音数据库。解压后的数据集包括 4 个部分（data、train、dev、test），其中 data 文件夹包含 .wav 文件和 .trn 文件。.trn 文件中存放的是对 .wav 文件的描述：第一行为词，第二行为拼音，第三行为音素。train、dev、test 文件夹中也包含 .wav 文件和 .trn 文件，.trn 文件中存放的是 .wav 文件对应在 data 文件夹里 .trn 文件的路径。我们在训练模型时需要输入带标签的训练数据，因此这里需要读取 train、dev、test 文件夹中 .trn 文件的内容，将每条训练数据（音频的路径）与它的标签值（音频的文本内容）对应起来，构建一个 .txt 文件。这样就可以在训练时读取数据，得到每一个音频文件的路径、音频长度以及这句话的内容（见图 7-3）。

```
1    ./data/audio/data_thchs30/data/D13_923.wav   望眼欲穿的孩子日夜思盼着能见到病愈归来的妈妈盼啊盼盼回来的竟是一个永远
2    ./data/audio/data_thchs30/data/B6_436.wav    同时围绕抓源头抓品种抓服务抓重点抓宣传积极开展工作取得较好效果
3    ./data/audio/data_thchs30/data/B22_358.wav   介绍信与委托协议从生活洗涤剂到熊猫奶粉埋下讼案定时炸弹
4    ./data/audio/data_thchs30/data/D32_891.wav   那水既然能够养育天马为什么就不能养人严密的推理之中隐含着热烈的梦幻
5    ./data/audio/data_thchs30/data/B6_311.wav    雌鸟单独孵卵和照顾后代而雄鸟则继续忙于修饰亭子引诱异性
6    ./data/audio/data_thchs30/data/C7_638.wav    像滚雪球那样愈滚愈大愈大愈滚构筑成了光耀显赫的群峰
7    ./data/audio/data_thchs30/data/A22_15.wav    柳宗夏现年六十岁五十年代进入韩外务部工作一九九四年十二月任外交安保首席
8    ./data/audio/data_thchs30/data/C4_723.wav    她的嗓音甜润且音域宽厚高低自然运用自如并有优美的装饰颤音
9    ./data/audio/data_thchs30/data/C23_631.wav   待马俊仁晚间离开基地返别墅后根据楼内暗号驶近楼区里应外合暗号照旧
10   ./data/audio/data_thchs30/data/D32_874.wav   由于镯子尺寸比手腕稍大而会往上滑因此能完全隐没在袖子里
```

图 7-3　音频标注文件内容（部分）

接下来进行模型的定义。首先，在编码器端，我们使用卷积神经网络对输入的音频数据进行编码。

先定义一个门控线性单元，可以把它理解为能够并行处理时序数据的 CNN 网络架构，即利用 CNN 及门控机制实现 RNN 的功能。它的优点是在进行时序数据处理时严格按照时序位置保留信息，从而提升了性能，并且通过并行处理结构加快了运算的速度。

```python
# 门控线性单元Gated Linear Units (GLU)
class GLU(nn.Layer):
    def __init__(self, axis):
        super(GLU, self).__init__()
        self.sigmoid = nn.Sigmoid()
        self.axis = axis

    def forward(self, x):
        # 将输入Tensor分割成多个子Tensor
        a, b = paddle.split(x, num_or_sections=2, axis=self.axis)
        act_b = self.sigmoid(b)
        # 输入 x 与输入 y 逐元素相乘，并将各个位置的输出元素保存到返回结果中
        out = paddle.multiply(x=a, y=act_b)
        return out
```

定义基本的卷积模块，此部分卷积神经网络仅包含两层：传统卷积层与线性门控激活层。前者进行卷积特征抽取，后者引入时序信息并且加速运算。

```python
# 基本卷积块
class ConvBlock(nn.Layer):
    def __init__(self, in_channels, out_channels, kernel_size, stride, padding=0,
        p=0.5):
        super(ConvBlock, self).__init__()
        # 定义一维卷积层
        self.conv = nn.Conv1D(in_channels, out_channels, kernel_size, stride,
            padding, weight_attr=KaimingNormal())
        # 对上述卷积层的权重参数进行归一化
        self.conv = nn.utils.weight_norm(self.conv)
        self.act = GLU(axis=1)
        self.dropout = nn.Dropout(p)

    def forward(self, x):
        x = self.conv(x)
        x = self.act(x)
        x = self.dropout(x)
        return x
```

定义好基本模块后进行模块的组合，然后进行语音信号的编码，即定义语音信号编码器：

```python
class PPASR(nn.Layer):
    def __init__(self,vocabulary,data_mean=None,data_std=None, name="PPASR"):
        super(PPASR, self).__init__(name_scope=name)
        # 训练数据集的均值和标准值，方便以后推理使用
        if data_mean is None:
            data_mean = paddle.to_tensor(1.0)
        if data_std is None:
```

```
            data_std = paddle.to_tensor(1.0)
        self.register_buffer("data_mean", data_mean, persistable=True)
        self.register_buffer("data_std", data_std, persistable=True)
        # 模型的输出大小，字典大小 +1
        self.output_units = len(vocabulary) + 1
        # 定义模型结构
        self.conv1 = ConvBlock(128, 500, 48, 2, padding=97, p=0.2)
        self.conv2 = ConvBlock(250, 500, 7, 1, p=0.3)
        self.conv3 = ConvBlock(250, 2000, 32, 1, p=0.3)
        self.conv4 = ConvBlock(1000, 2000, 1, 1, p=0.3)
        self.out = nn.utils.weight_norm(nn.Conv1D(1000, self.output_units, 1, 1))

    def forward(self, x, input_lens=None):
        x = self.conv1(x)
        for i in range(7):
            x = self.conv2(x)
            x = self.conv3(x)
            x = self.conv4(x)
            x = self.out(x)
        if input_lens is not None:
            return x, paddle.to_tensor(input_lens / 2 + 1, dtype='int64')
        return x
```

模型输出的结果需要经过解码才能得到对应的文本内容，我们采用贪心算法进行解码，即在每一步都选择概率最大的输出值，这样就可以得到最终解码的输出序列。然而，我们构建的网络的输出序列其实只对应搜索空间中的一条路径，一个最终标签可以对应搜索空间中的 N 条路径，所以概率最大的路径并不等价于最终标签的概率最大，也就是说通过这种方式得到的解不一定是最优解。但这种策略是最简单易懂且最快速的。

```
class GreedyDecoder(object):
    def __init__(self, vocabulary, blank_index=0):
        self.int_to_char= dict([(i, c) for (i, c) in enumerate(vocabulary)])
        self.blank_index = blank_index

    # 给定一个数字序列列表，返回相应的字符串
    def convert_to_strings(self,sequences,sizes=None, remove_repetitions=False,
        return_offsets=False):
        # 存放结果的字符串数组
        strings = []
        offsets = [] if return_offsets else None
        # 依次获取每个字符串
        for x in range(len(sequences)):
            seq_len = sizes[x] if sizes is not None else len(sequences[x])
            string, string_offsets = self.process_string(sequences[x], seq_len,
```

```
            remove_repetitions)
        strings.append([string])
        if return_offsets:
            offsets.append([string_offsets])
    if return_offsets:
        return strings, offsets
    else:
        return strings

# 获取字符，并删除重复的字符
def process_string(self, sequence, size, remove_repetitions=False):
    string = ""
    offsets = []
    sequence = sequence.numpy()
    # 根据词典 ID 依次获取每个字符
    for i in range(size):
        char = self.int_to_char[sequence[i].item()]
        if char != self.int_to_char[self.blank_index]:
            # 是否删除重复的字符
            if remove_repetitions and i != 0 and char == self.int_to_
                char[sequence[i - 1].item()]:
                pass
            else:
                string = string + char
                offsets.append(i)
    return string, paddle.to_tensor(offsets, dtype='int64')

def decode(self, probs, sizes=None):
    # 解码，传入 PPASR 编码器得到的概率分布进行解码，得到解码文字，删除序列中重复的元素和空格
    max_probs = paddle.argmax(probs, 2)
    strings, offsets = self.convert_to_strings(max_probs, sizes,
                                               remove_repetitions=True,
                                               return_offsets=True)
    return strings, offsets
```

在完成数据预处理与模型定义之后，我们就可以进行数据的读取、优化器与损失函数的定义等操作，进而开始训练模型了。

语音识别前沿

随着深度学习技术的发展，语音识别的应用场景越来越广泛，也出现了

越来越多有趣的语音识别任务，接下来我们对其中一些应用的原理和实现进行简单介绍。

音色克隆

音色克隆就像柯南的蝴蝶结变声器一样，能够生成特定领域内非常逼真和自然的语音，几乎可以以假乱真。我们可以利用飞桨语音合成套件 Parakeet 来实现音色克隆，让“蝴蝶结变声器”不是梦，成功把声音变成哪吒的娃娃音。

在训练语音克隆模型时，除了输入的目标文本外，说话人的音色也将作为额外条件加入模型的训练，模型会提取说话人的特征作为 Speaker Embedding（演讲者音色特征表示）。在预测时，选取一段新的目标音色作为 Speaker Encoder（演讲者音色编码器）的输入，并提取说话人的特征，最终实现输入一段文本和一段目标音色，模型生成目标音色并说出此段文本的语音片段，完美地实现音色克隆。

飞桨语音合成套件 Parakeet 是飞桨的一个灵活、高效、先进的开源语音合成工具箱，用于实现端到端的语音合成，其中包含百度研究院以及其他研究机构的许多有影响力的文语转换（TTS）模型。我们首先通过以下代码加载语音克隆模型的几个组成部分。

```
# 音频预处理
p = SpeakerVerificationPreprocessor()

# speaker encoder
speaker_encoder = LSTMSpeakerEncoder(n_mels=40, num_layers=3, hidden_size=256,
    output_size=256)
speaker_encoder_params_path = "/home/aistudio/work/pretrained/ge2e_ckpt_0.3/
    step-3000000.pdparams"
# 利用预训练好的参数进行模型加载
speaker_encoder.set_state_dict(paddle.load(speaker_encoder_params_path))
speaker_encoder.eval()

# 合成器
# 端到端的 TTS 模型 Tacotron2
synthesizer = Tacotron2()
params_path = "/home/aistudio/work/pretrained/tacotron2_aishell3_ckpt_0.3/step-
    450000.pdparams"
```

```python
synthesizer.set_state_dict(paddle.load(params_path))
synthesizer.eval()

# 声码器
vocoder = ConditionalWaveFlow(upsample_factors=[16, 16],
                              n_flows=8, n_layers=8,
                              n_group=16, channels=128,
                              n_mels=80, kernel_size=[3, 3])
params_path = /home/aistudio/work/pretrained/waveflow_ljspeech_ckpt_0.3/step-
    2000000.pdparams"
vocoder.set_state_dict(paddle.load(params_path))
vocoder.eval()
```

在定义了整个模型的结构之后，我们首先通过 Speaker Encoder 提取目标音色的声音特征：

```python
mel_sequences = p.extract_mel_partials(p.preprocess_wav(ref_audio_path))
with paddle.no_grad():
    embed= speaker_encoder.embed_utterance(paddle.to_tensor(mel_sequences))
```

提取到参考语音的特征向量之后，给定需要合成的文本，通过 Tacotron2 模型生成频谱。目前只支持汉字以及两个表示停顿的特殊符号，“ %”表示句中较短的停顿，“ $”表示句中较长的停顿，这与 AISHELL-3 数据集内的标注一致。在 parakeet 后续的版本中会逐渐提供更通用的文本表示。

```python
sentence = "语音的表现形式%在未来%将变得越来越重要$"
phones, tones = convert_sentence(sentence)
phones = np.array([voc_phones.lookup(item) for item in phones], dtype=np.int64)
tones = np.array([voc_tones.lookup(item) for item in tones], dtype=np.int64)
phones = paddle.to_tensor(phones).unsqueeze(0)
tones = paddle.to_tensor(tones).unsqueeze(0)
utterance_embeds = paddle.unsqueeze(embed, 0)
with paddle.no_grad():
    outputs = synthesizer.infer(phones, tones=tones, global_condition=utterance_embeds)
mel_input = paddle.transpose(outputs["mel_outputs_postnet"], [0, 2, 1])
```

接下来需要将生成的频谱转换为音频，这里要用到一种叫作 vocoder（声码器，一种将声学参数转换成语音波形的工具）的模型结构。本示例中使用 WaveFlow 声码器，它来自百度研究院的论文“ WaveFlow: A Compact Flow-based Model for Raw Audio”，根据官网上的介绍，该模型能达到非常好的语音合成效果，同时只有 5.9MB 参数量。

```
with paddle.no_grad():
    wav = vocoder.infer(mel_input)
wav = wav.numpy()[0]
sf.write(f"/home/aistudio/data/syn_audio/{ref_name}",wav, samplerate=22050)
```

通过以上简单的步骤即可让你获得一个完美的变声器!

音频分类

音频分类是音频信息处理领域的基本问题，这类问题可以应用到许多实际场景中，例如，对音乐片段进行分类以识别音乐类型，或通过一组扬声器对短话语进行分类以便根据声音识别说话人。如何对音频信息进行有效的分类、从繁芜丛杂的数据集中将具有某种特定形态的音频归属到同一个集合中，对于学术研究及工业应用具有十分重要的意义。下面介绍利用卷积神经网络对数字语音进行分类的过程。

记录一段数字音频最常用的方式就是以恒定的采样率对声波进行打点采样。所以对于一段音频，它所保存的数据是一个一维的时间序列（每个声道）。如果将这个一维数组作为 y 轴，将时间作为 x 轴，绘制成图像，该图像就是这段音频的波形图，如图 7-4 所示。

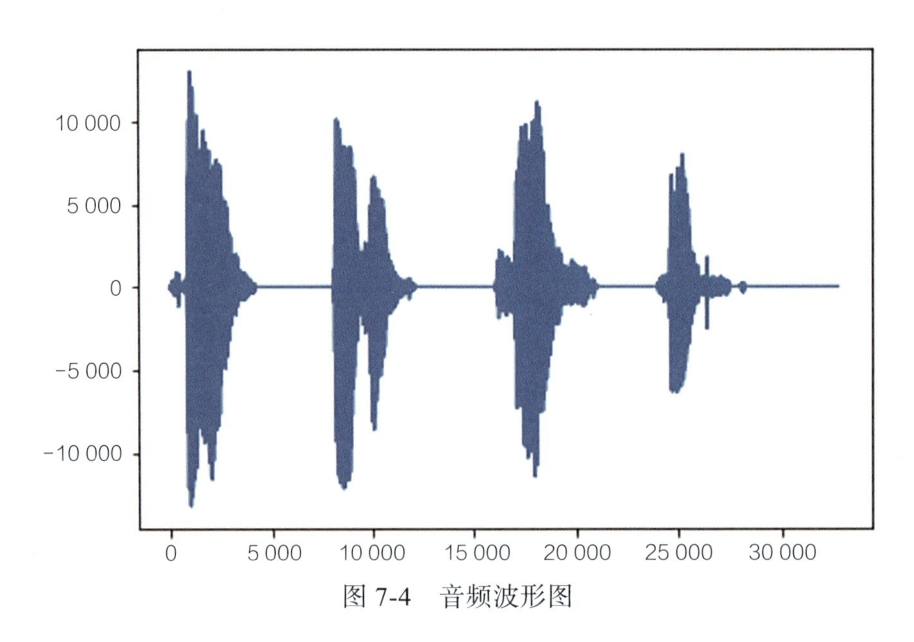

图 7-4　音频波形图

要想对数字语音进行识别，最简单的实现方式是切分每个数字的数据，然后对每个数字进行分类预测，音频切分时通常使用的是 VAD（Voice Activity Detection），即检测音频中的哪些地方是说话、哪些地方是停顿，然后按停顿进行切分，就可以把每个词单独提取出来。

接下来就可以利用卷积神经网络对音频数据进行处理了。一般有两种处理方式，一种是使用一维卷积对音频数据直接进行处理，另一种是通过其他音频特征提取方式来提取音频特征，将其转换成类图像的数据，再通过普通的二维卷积进行处理。下面使用第二种方式对音频进行分类，其中，对音频特征的提取使用之前提到的 MFCC。特征提取的过程如下：

```
# MFCC 特征提取
def get_mfcc(data, fs):
    # MFCC 特征提取
    wav_feature =  mfcc(data, fs)
    # 特征一阶差分
    d_mfcc_feat = delta(wav_feature, 1)
    # 特征二阶差分
    d_mfcc_feat2 = delta(wav_feature, 2)
    # 特征拼接
    feature = np.concatenate([wav_feature.reshape(1, -1, 13),
                              d_mfcc_feat.reshape(1, -1, 13),
                              d_mfcc_feat2.reshape(1, -1, 13)], 0)
    # 对数据进行截取或者填充
    if feature.shape[1]>64:
        feature = feature[:, :64, :]
    else:
        feature = np.pad(feature, ((0, 0), (0, 64-feature.shape[1]), (0, 0)), 'constant')
    # 通道转置 (HWC->CHW)
    feature = feature.transpose((2, 0, 1))
    # 新建空维度 (CHW->NCHW)
    feature = feature[np.newaxis, :]
    return feature
```

从音频中提取出特征之后，我们就可以搭建一个简单的多层 CNN 加两层全连接层的分类网络了。多层 CNN 最终将音频特征转换成特征图，然后将特征展开通过两层全连接层进行分类，这和我们之前所做的图像分类任务的模型结构十分类似。

为了对我们的模型进行训练、评估和预测，验证通过卷积神经网络对数字音频进行分类的效果，可以利用英文数字音频数据集 FSDD（Free Spoken Digit

Dataset)，其中包含 6 个朗读者朗读的 3000 个 0 ～ 9 的录音片段（每个人朗读每个数字 50 次）。

朗诵机器人

在前面的内容中，我们实现了针对特定音色的语音合成，下面我们利用 PaddleGAN 通过更简单的代码来实现精准的唇形合成，学完以下内容后，你不仅能让苏轼念诗，还能让蒙娜丽莎播新闻、让新闻主播唱 Rap……只有你想不到的，没有 PaddleGAN 做不到的！

基于 PaddleGAN 的视频唇形同步模型 Wav2Lip 实现了人物口型与输入语音同步，俗称"对口型"。Wav2Lip 不仅能让静态图像"说话"，还可以直接对动态的视频进行唇形转换，输出与目标语音相匹配的视频。Wav2Lip 模型适用于任何人脸、任何语音、任何语言，对任意视频都能达到很高的准确率，可以无缝地与原始视频融合，还可以用于转换动画人脸，导入合成语音也是可行的。

要使用 Wav2Lip 模型，只需要一行简单的代码即可，前提是已经下载了 PaddleGAN 代码并安装了必需的包：

```
!export PYTHONPATH=$PYTHONPATH:/home/aistudio/work/PaddleGAN && python tools/
    wav2lip.py --face video_file --audio audio_file --outfile output_file
```

该命令中涉及两个参数：face，即原始视频，视频中人物的唇形将根据音频进行唇形合成，通俗来说就是"想让谁说话"；audio，即驱动唇形合成的音频，视频中的人物将根据此音频进行唇形合成，通俗来说就是"想让他说什么"。

我们只需要将命令中的 face 参数和 audio 参数分别换成自己的视频和音频路径，然后运行，就可以生成与音频同步的视频。程序运行完成后，会在当前文件夹下生成文件名为 outfile 参数指定的视频文件，该文件即为与音频同步的视频文件。

家庭作业

方言识别仍是一个非常棘手的问题，因为我国方言的种类繁多，很难实现统一模型的训练，单独为一种方言训练一个模型也不现实。各位读者可以自己定制一个方言库（自己说话录音，并给出文字翻译），然后自己训练一个定制版的语音识别模型，让自己的模型能轻轻松松地识别方言！

扫描封底二维码，下载数据集，结合家庭作业参考答案，即可完成实践。

第8章 灭商封神铸丰绩，生成网络谱新章

西岐大军一路过关斩将，势如破竹，所向披靡，直取朝歌。纣王走投无路，于摘星楼自焚而死，妖妃妲己也死于斩仙飞刀之下，商朝覆灭。武王姬发登基为王，建立周朝。他勤政爱民，大赦天下，将皇宫里的财宝分给了各路诸侯和百姓，并开仓放粮，赈济灾民。姜子牙不辱使命，顺利完成了封神大业，将那些在商周大战中死去的无辜将士的魂魄引归封神台。

王朝伊始，百废待兴，正是用人之际。武王姬发求贤若渴，为不拘一格选拔人才，下令举办文采大会，通过书法、对联和藏头诗比赛，寻找有抱负、有才华的能人异士。消息一经发布，各路能人异士争先恐后地报名，经过比赛选拔出了数百名青年才俊。

就在众人都以为比赛结束之时，一位中等身高、长相秀气的书生走上了台。姜子牙惊讶地问道："这位兄台可是有好诗分享？"年轻人清了清嗓子，说道："大家是不是觉得自己每次绞尽脑汁写出来的诗句，总是这里不对仗，那里不押韵，即使反复推敲也只能勉强作出一首差强人意的小诗？"台下众人纷纷点头表示赞同。年轻人接着说道："其实我们可以用人工智能 GAN 自动写字、生成对联和藏头诗，以后大家再也不用绞尽脑汁了！"台下一片沸腾，众人纷纷鼓掌并请求年轻人向大家介绍如何用人工智能自动写诗（见图 8-1）。年轻人清了清嗓子，缓缓道来。

图 8-1　文采大会 GAN 崭露头角

生成对抗网络基础

生成对抗网络（Generative Adversarial Network，GAN）由 Ian Goodfellow 等人于 2014 年提出，是一个通过对抗过程估计生成模型的新框架。一经提出，便引起了业内人士的广泛关注和研究，被深度学习界的泰斗 Yann LeCun 称为过去 20 年来机器学习领域最酷的想法。生成对抗网络不需要大量标注训练数据就能学习深度表征的方式，其理论成果迅速落地，在图像合成、语义图像编辑、风格迁移、图像超分辨率等应用上取得了非常好的效果。

什么是生成对抗网络

生成对抗网络在结构上受博弈论中的二人零和博弈的启发，一般由一个生成器（生成网络）和一个判别器（判别网络）组成。生成器的作用是通过学习训练集数据的特征，在判别器的指导下，将随机噪声分布尽量拟合为训练数据的真实分布，从而生成具有训练集特征的相似数据。判别器则负责区分输入的数据是真实的数据还是生成器生成的假数据，并反馈给生成器。两个网络交替训练，能力同步提高，直到生成网络生成的数据能够以假乱真，并与判别网络的能力达到均衡的水平为止。

是不是听得有些迷糊？其实，生成对抗的思想在生活中十分常见。在体育竞技中，运动员通过比赛相互提升；下棋的大爷决战楚河汉界使彼此的棋艺不断提高；甚至网络攻击的手段层出不穷，抵御网络攻击的水平也不断提升。这种在对抗中，对抗双方水平不断交替提升的过程就是生成对抗网络的基本思想。生成对抗网络的结构如图 8-2 所示。

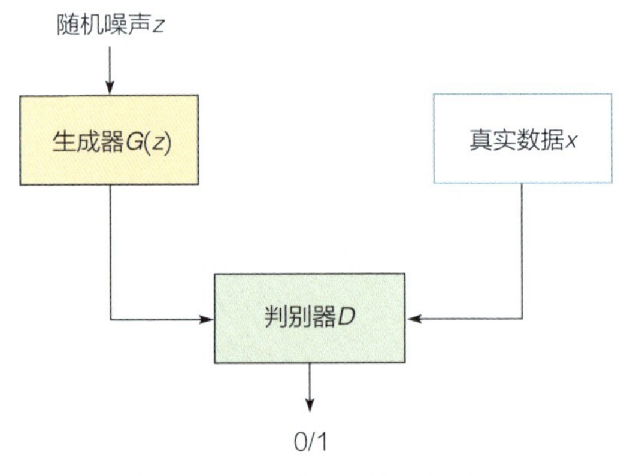

图 8-2　生成对抗网络结构

生成对抗网络的训练方法

与单目标的优化任务相比，生成对抗网络的优化中包含两个相反的优化目标。所以训练生成对抗网络比训练普通网络难，是一项非常讲究技巧性的工作。下面给出生成对抗网络训练算法的过程。

训练生成对抗网络的过程与上面讲的博弈过程一样。在生成对抗网络中，我们不再是单一的网络，而是由两个网络分别作为博弈的双方（生成器和判别器）。在训练时，一般先训练判别器：将训练集数据打上真标签（1），将生成器生成的假图像打上假标签（0），把它们一同送入判别器，对判别器进行训练，让判别器最终可以轻松辨别出哪些图像是生成器生成的、哪些图像是真实的。

然后训练生成器。通过生成器生成图像，再将生成器生成的假图像和真实的图像送入判别器。训练生成器，使判别器无法判断出哪些图片是生成器生成的、哪些图像是真实的。

生成对抗网络实践

武王姬发宣布召开求贤若渴文采大会后，各地才子踊跃报名。为了更好地选拔贤士，武王决定先开展书法海选。为了提高比赛的难度，不再以甲骨文出题，而是要求才子们临摹西方引入的阿拉伯数字。

接下来，我们要学习如何使用 GAN 网络来书写阿拉伯数字。该部分将在 MNIST 数据集（手写数字数据集）上用经典 GAN 完成手写数字图像生成。如图 8-3 所示，生成器输入噪声，并生成假的图像。判别器则判断每次输入的图像是真实的图像还是生成器生成的图像。通过迭代对抗训练，使网络可以生成与人类手写一样的阿拉伯数字。

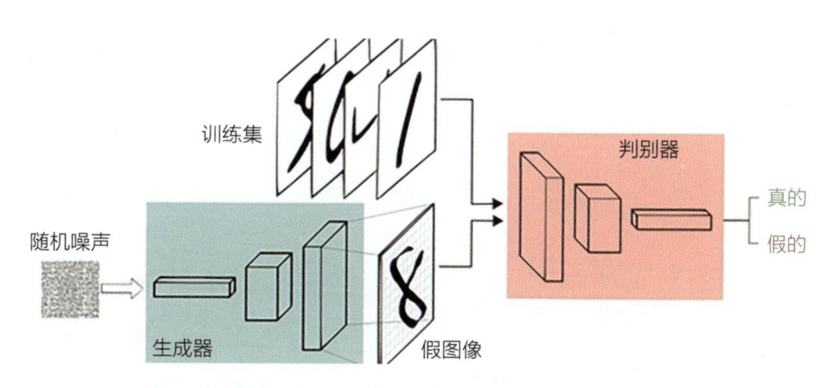

图 8-3　用经典 GAN 完成手写数字图像生成的流程

MNIST 数据集与数据加载

MNIST 数据集包含 60 000 张用于训练的图像和 10 000 张用于测试的图

像，图像大小固定为 28×28 像素。可在官方地址下载该数据集：http://yann.lecun.com/exdb/mnist/。

通过构建 MNIST 加载数据。在整个训练的过程中不需要原始图像的标签信息，因此我们在搭建数据加载器（dataloader）时，也没有返回原始图像的标签（label）。原始图像统一称为真实的图像，用 label 为 1 表示，label 为 0 表示噪声生成的假图像。

```
class Mnist(Dataset):
    def __init__(self):
        super(Mnist, self).__init__()
        self.imgs_train = self.load_minst_data() # 自定义加载 MNIST 数据集的函数
    def __getitem__(self, idx):
        image=self.imgs_train[idx].astype('float32')/127.5 - 1
            # 加载图像，并进行归一化，使每个像素值都在 0 到 1 之间
        return image
    def load_minst_data():
        # 使用 paddle.vision.datasets 下载并读取 MNIST 数据集
        mnist_train = paddle.vision.datasets.MNIST(mode='train', backend='cv2')
        mnist_test = paddle.vision.datasets.MNIST(mode='test', backend='cv2')
        # 在此任务中不需要标签信息，所以我们只从数据集中提取出图像 image
        # 之后将 60 000 张训练集和 10 000 张测试集合并
        imgs_train = []
        for data in mnist_train:
             imgs_train.append(data[0])
        for data in mnist_test:
             imgs_train.append(data[0])
        imgs_train = np.array(imgs_train)
        return imgs_train
```

构建生成器与判别器

判别器主要用来完成真假图像的判别，当输入一张真实的图像时，希望判别器输出的结果是 1，当输入一张生成器伪造的图像时，希望判别器输出的结果是 0。判别器的本质其实就是第 5 章第 2 节学习的卷积神经网络，在这里，我们要搭建一个 2 层卷积 + 全连接的分类网络。

```
class Discriminator(nn.Layer):
    def __init__(self):
        super(Discriminator, self).__init__()
        self.conv1 = nn.Sequential(nn.Conv2D(1, 64, kernel_size=5, stride=2,
            padding=2), nn.LeakyReLU(0.2) ) # 搭建第一个卷积层，输入为单通道的图像，
```

```
        使用64个大小为5×5的卷积核，并使用一种叫作LeakyReLU的方式进一步变换输出的值
    self.conv2 = nn.Sequential(nn.Conv2D(64, 64, kernel_size=5, stride=2,
        padding=2), nn.BatchNorm2D(64), nn.LeakyReLU(0.2))
        #搭建第二个卷积层，输入为conv1的输出，使用64个大小为5×5的卷积核
    self.fc1 = nn.Sequential( nn.Linear(64*28//4*28//4, 1024),nn.BatchNorm1D
        (1024), nn.LeakyReLU(0.2))  #以conv1为输入的全连接层，总共使用了1024个
                                     神经元
    self.fc2 = nn.Sequential(nn.Linear(1024, 1), nn.Sigmoid())
        #最后用于分类层的，输出一个值即为该图像的真假
```

通过forward函数将上面定义的卷积层、全连接层顺序地连接起来。

```
def forward(self, x):
    x = self.conv1(x)  # [Nx64x14x14]
    x = self.conv2(x)  # [Nx64x7x7]
    x = x.reshape([-1, 64*28//4*28//4])
    x = self.fc1(x)
    x = self.fc2(x)
    return x
```

生成器的目的是生成以假乱真的图像，下面我们看看如何生成一张假的图像。首先给出一个简单的、高维的、正态分布的噪声向量，接着通过全连接、卷积、池化、激活函数等操作得到一个与输入图像大小相同的噪声图像，也就是假图像。对于得到的一个噪声，首先通过两个全连接层提取特征。在经过reshape将特征变成矩形后，通过反卷积逐步扩大特征，最后将其变成我们的生成图像。

```
class Generator(nn.Layer):
    def __init__(self):
        super(Generator, self).__init__()
        self.fc1 = nn.Sequential( nn.Linear(100, 2048), nn.BatchNorm1D(2048),
            nn.ReLU()) #对于输入的噪声首先经过全连接层将维度提升为2048
        self.fc2 = nn.Sequential( nn.Linear(2048, 128*28//4*28//4),nn.BatchNorm1D
            (128*28//4*28//4), nn.ReLU())
            #经过一次全连接层后再通过一层全连接层将其变成图像所需要的维度
        self.deconv1 = nn.Sequential( nn.Conv2DTranspose(128, 128, kernel_size=4,
            stride=2, padding=1),nn.BatchNorm2D(128),nn.ReLU())
            # 得到的特征还没有达到我们的分辨率要求，因此通过反卷积层提高特征图的分辨率
        self.deconv2 = nn.Sequential( nn.Conv2DTranspose(128,1,kernel_size=4,stride=2,
            padding=1),nn.Tanh()) # 再通过一次反卷积层进一步扩大图像
    def forward(self, x):
        x = self.fc1(x)
        x = self.fc2(x)
        x = x.reshape([-1, 128, 28//4, 28//4])
        x = self.deconv1(x)  # [Nx128x14x14]
```

```
        x = self.deconv2(x)   # [Nx1x28x28]
        return x
```

GAN 的训练与预测

1. 模型训练

生成器和判别器两个网络交替训练，在训练过程中，生成器和判别器相互博弈，共同提升，直到生成器生成的数据能够以假乱真，并与判别器的能力同步均衡。这里涉及一个新的损失——BCE 损失，通过 paddle.nn.BCELoss() 实现（一种衡量网络预测效果的度量方式），该接口用于创建一个 BCELoss 的可调用类，用于计算输入（input）和标签（label）之间的二值交叉熵损失值。二值交叉熵损失函数的公式如下所示：

$$\text{Out} = -1 * (\text{label} * \log(\text{input})) + (1 - \text{label}) * \log(1 - \text{input})$$

GAN 的训练过程与前面的任务有所不同。我们需要实例化生成网络和判别网络，并定义两个优化器分别优化两个网络。

```
def trian():
    # 生成网络结构实例
    generator = Generator()
    discriminator = Discriminator()
    # 超参数
    BATCH_SIZE = 128
    EPOCHS = 5
    # 优化器，在生成对抗网络中，我们需要分别为生成器和判别器分配一个优化器
    optimizerG = paddle.optimizer.Adam(learning_rate=1e-3,parameters=generator.
        parameters(), beta1=0.5, beta2=0.999)
    optimizerD = paddle.optimizer.Adam(learning_rate=1e-3, parameters=discriminator.
        parameters(), beta1=0.5, beta2=0.999)
    # 损失函数
    criterion = nn.BCELoss()
    test_result_each_epoch = []  # 存储每个 epoch 的测试结果
```

在训练的过程中，每次迭代分为两部分。第一部分是训练优化器，首先通过生成器生成假的图像，然后把真图像和假图像分别送入判别器，计算判别器对真假图像的损失，并优化判别器。第二部分则是优化完判别器后，由生成器生成假图像，将假图像送入判别器计算损失，并优化生成器。

```
for epoch in range(EPOCHS):
    for batch_idx, data in enumerate(data_loader):
        real_images = data[0].unsqueeze(1)
        optimizerD.clear_grad()
        # 判别真实数据，并计算损失，目的是让判别器尽量识别出真实数据
        d_real_predict = discriminator(real_images)
        d_real_loss = criterion(d_real_predict, paddle.ones_like(d_real_predict))
    # 判别生成器生成的数据，并计算损失，目的是让判别器尽量识别出生成器伪造的数据
    # noise: 使用正态分布噪声作为假的图像
        noise = paddle.uniform([BATCH_SIZE, 100], min=-1, max=1)
        fake_images = generator(noise)
        d_fake_predict = discriminator(fake_images)
        d_fake_loss = criterion(d_fake_predict, paddle.zeros_like(d_fake_predict))
        # 训练判别器
        d_loss = d_real_loss + d_fake_loss
        d_loss.backward()
        optimizerD.step()
        # 生成器生成假的图像送入判别器，并计算损失，让判别器分不清真假数据
        optimizerG.clear_grad()
        noise = paddle.uniform([BATCH_SIZE, 100], min=-1, max=1)
        fake_images = generator(noise)
        g_fake_predict = discriminator(fake_images)
        g_loss = criterion(g_fake_predict, paddle.ones_like(g_fake_predict))
        # 训练生成器
        g_loss.backward()
        optimizerG.step()
```

2. 模型预测

训练完成后，需要验证 GAN 模型的效果。此时，自定义 10 张含有噪声数据的图像，然后用训练好的模型对测试数据进行预测。

```
def eval():
    noise = paddle.uniform([10, 100], min=-1, max=1)  # 生成一个随机的噪声
    generator.eval()                                  # 开启测试模型
    with paddle.no_grad():
        fake_images = generator(noise)                # 通过生成器生成图像
        fake_images = fake_images.squeeze().numpy()
```

预测的结果如图 8-4 所示。

图 8-4　生成的手写图像

生成对抗网络应用

生成对抗网络作为一种生成式方法，其生成器通过深度神经网络实现，不限制生成维度，在很大程度上拓宽了生成样本的范围，对于图像来说更是如此。由于深度神经网络能拟合任意函数，增加了设计的自由度，因此应用广泛。

“无中生有”——图像生成

生成对抗网络最初用于图像生成任务，DCGAN、WGAN 等都能较好地生成图像。研究者们也一直致力于提升生成对抗网络的质量。图 8-5 中，左侧为 LAPGAN 生成的图像示意，右侧为 LAPGAN 从粗到细生成图像的过程。

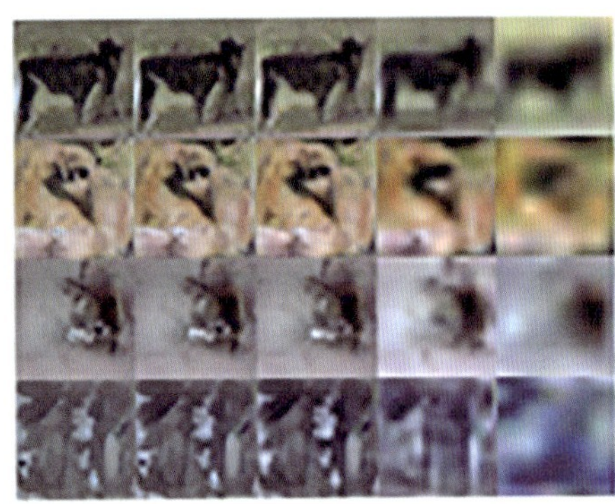

图 8-5　生成图像的结果

“偷天换日”——图像转换

图像转换是生成对抗网络中非常有趣的应用，其本质是像素到像素的映射问题，在保持图像中语义的基础上对图像的表现形式做出更改，例如将白天的照片变成夜晚、为黑白图像上色、将草稿图补充完整等，其应用与效果如

图 8-6 所示。

图 8-6 风格转化示意

"重见天日"——图像修复

图像修复和超分辨率都是日常生活中非常实用的功能。图像修复需要填补图像中缺失的区域，其效果如图 8-7 所示。

图 8-7 图像修复

超分辨率（Super-Resolution，SR）是指通过硬件或软件的方法提高原有图像的分辨率，包括从多张低分辨率图像重建出高分辨率图像和从单张低分辨率图像重建出高分辨率图像。基于深度学习的超分辨率主要是从单张低分辨率图像重建。如图 8-8 所示，第一张为插值放大的图像，第二张、第三张为使用对抗网络重建的图像，第四张为真实数据。

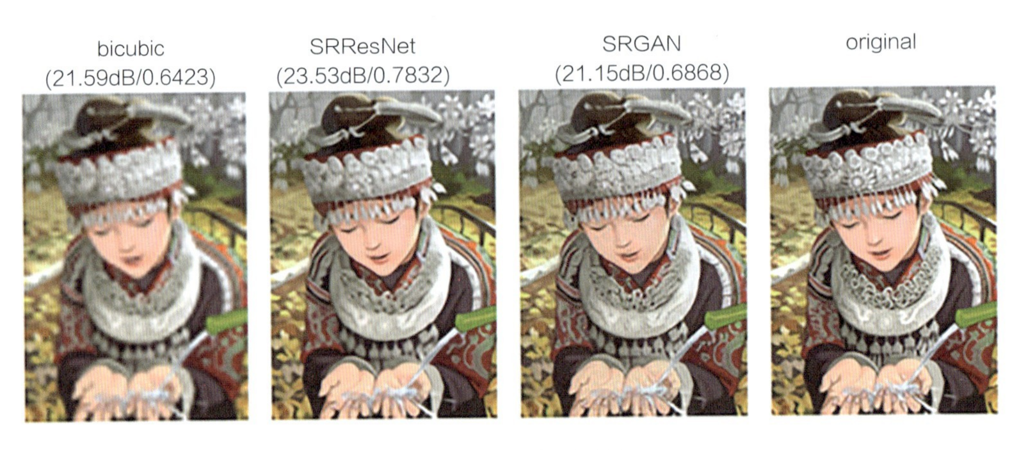

图 8-8　超分辨率结果

"见微知著"——视频预测

无监督视频预测是指模型在没有外界监督的条件下，根据已有的观察生成未来的视频帧序列。视频预测需要对视频场景进行内部建模来预测未来视频中的场景，使机器得以提前决策。视频预测已在机器人、自动驾驶和无人机等领域有广泛的应用。由于自然场景的复杂性和多样性，无监督视频预测是一项非常具有挑战性的任务。预测模型不仅要建立物体的外观模型，还要建立运动模型，掌握物体之间以及物体和环境之间的交互，这就要求视频预测建立一个准确理解视频内容和预测动态变化的内部表征模型。如图 8-9 所示，图中给出了四组人体运动序列，第一行为预测的动作，第二行为真实的动作。此外，对驾驶条件下环境场景变换的预测也取得了很好的效果。

图 8-9　视频预测的结果

生成对抗网络实践

1.“以假乱真”——对联生成

对联又称楹联或对子，是写在纸上、布上或刻在竹子、木头、柱子上的对偶语句。对联对仗工整，平仄协调，是一字一音的汉语的独特展示形式。接下来，我们就通过 PaddleHub 实现 GAN 的对联生成：

```
import paddlehub as hub
module = hub.Module(name="ernie_gen_couplet")
test_texts = ["人增福寿年增岁", "风吹云乱天垂泪"]
results = module.generate(texts=test_texts, use_gpu=False, beam_width=5)
```

将上联输入 GAN 网络后，我们可以看到对于“人增福寿年增岁”“风吹云乱天垂泪”，网络生成的下联为：

- 人增福寿年增岁：春满乾坤喜满门、竹报平安梅报春、春满乾坤福满门、春满乾坤酒满樽、春满乾坤喜满家。
- 风吹云乱天垂泪：雨打花残地痛心、雨打花残地皱眉、雨打花残地动容、雨打霜欺地动容、雨打花残地洒愁。

2.“预测未来”——看到 50 年后的自己

曾几何时，你是不是幻想过未来的自己的模样？现在我们就用 PaddleHub 穿越时空来看一看未来的自己。实现效果如图 8-10 所示。

图 8-10　头像生成结果

通过以下几行代码生成未来的头像：

```
import paddlehub as hub
from PIL import Image
# 载入模型
stylegan v2_editing = hub.Module(name='styleganv2_editing')
# 图像路径
input_img = "input.png"
# 模型预测
styleganv2_editing.generate(
    paths=[input_img],
    direction_name = 'age',
    direction_offset = 5.0,
```

```
    output_dir='./editing_result/',
    use_gpu=True,
    visualization=True)
# 输出路径
output_img = "./editing_result/dst_0.pn
```

人工智能逐渐在西岐流传开来，人们开发了不少有趣的应用，大大改善了居民的生活水平。西岐呈现出一片欣欣向荣的景象。

家庭作业

各路能人异士在了解GAN之后，纷纷展开了讨论：GAN这么神奇，我们能否用它做更多的事情呢？这时，武王姬发看到许多百姓衣衫褴褛，突然想到一题：请各位用GAN来设计衣服吧！示例如下图所示。

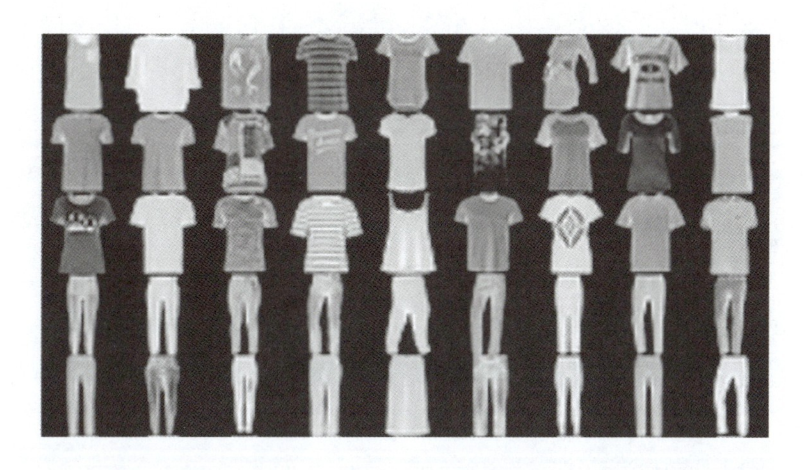

扫描封底二维码，下载数据集，结合家庭作业参考答案，即可完成实践。

家庭作业

通过本章的学习，大家是不是对人工智能有了更直接的印象呢？请谈谈你对未来人工智能的想象，并谈谈人工智能技术会带来哪些挑战。

参考答案

随着科技的发展，人工智能将会遍布衣、食、住、行等各个领域，使我们的生活变得更加便捷。但是，人工智能在给人类带来便利的同时，也伴随着潜在的隐患和挑战。

与人类相比，人工智能不会感到疲惫并能避免重复错误，在许多重复性的简单劳动方面有着人类不可媲美的优势，这会导致工人失业的情况。失业人口的增加，并不伴随着产能的下降，资源会越来越多地流向人工智能技术的拥有者，从而造成资源的过度集中，增大贫富差距。

著名科学家史蒂芬·霍金更是认为：未来一百年内，人工智能将比人类更聪明，机器人将控制人类。这说明人工智能的发展也具有一定的危险性。如果在未来人工智能因自我意识觉醒而攻击人类，我们该如何应对？

家庭作业

请在 AI Studio 平台中创建一个项目，编写 Python 代码，实现如下功能：

随机生成 30 个数，并对其进行逆序排序。

参考答案

随机数生成与排序请参考：https://aistudio.baidu.com/aistudio/projectdetail/2775209?contributionType=1&shared=1。

家庭作业

通过本章的学习，大家通过调用机器学习模型库里的 KNN 算法实现了雕鸽分类。然而，机器学习的模型还有很多，KNN 算法只是其中一种。请尝试使用其他的机器学习模型（SVM、K-means 等）来实现雕鸽分类。

参考答案

雕鸽分类请参考：https://aistudio.baidu.com/aistudio/projectdetail/2795846?shared=1。

家庭作业

设计一个多层全连接神经网络，实现波士顿房价预测。

参考答案

波士顿房价预测请参考：https://aistudio.baidu.com/aistudio/projectdetail/2775233?contributionType=1&shared=1。

家庭作业

通过牛津大学视觉几何组模型（简称 VGG）实现更好的宝石分类效果。

参考答案

宝石分类请参考：https://aistudio.baidu.com/aistudio/projectdetail/2775254?contributionType=1。

家庭作业

设计系统以便自动对新闻进行分类。

参考答案

新闻分类请参考：https://aistudio.baidu.com/aistudio/projectdetail/3425150?contributionType=1。

家庭作业

方言识别仍是一个非常棘手的问题，因为我国方言的种类繁多，很难实现统一模型的训练，单独为一种方言训练一个模型也不现实。各位读者可以自己定制一个方言库（自己说话录音，并给出文字翻译），然后自己训练一个定制版的语音识别模型，让自己的模型能轻轻松松地识别方言！

参考答案

https://aistudio.baidu.com/aistudio/projectdetail/2807591?contributionType=1&shared=1。

家庭作业

各路能人异士在了解 GAN 之后，纷纷展开了讨论，GAN 这么神奇，我们能否用它做更多的事情呢？这时，武王姬发看到许多百姓衣衫褴褛，突然想到一题：请各位用 GAN 来设计衣服吧！示例如下图所示。

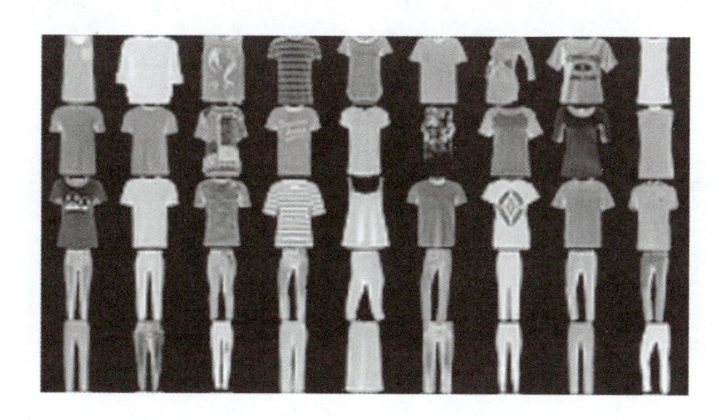

参考答案

用 GAN 设计衣服请参考：https://aistudio.baidu.com/aistudio/projectdetail/2806366?contributionType=1&shared=1。